Das
Kabel im Brückenbau.

Von der
Königl. Sächs. Technischen Hochschule zu Dresden
zur Erlangung der Würde eines Doktor-Ingenieurs
genehmigte Dissertation.

Vorgelegt von

Dipl.-Ing. Fritz Hohlfeld
aus Dresden.

Referent: Geheimer Hofrat Professor G. Chr. Mehrtens.
Korreferent: Professor M. Foerster.

Borna-Leipzig
Buchdruckerei Robert Noske
1913.

Meinem Vater

und dem Andenken meiner Mutter!

ISBN 978-3-642-47195-7 ISBN 978-3-642-47532-0 (eBook)
DOI 10.1007/978-3-642-47532-0

Inhaltsverzeichnis.

Literaturverzeichnis.

[1]) De Ulloa, Voyage historique de l'Amérique méridionale. Paris 1752. — Le Gentil, Nouveau voyage au tour du monde. Amsterdam 1728. I. Teil. — Alex. v. Humboldt, Ansichten der Natur. Tübingen u. Stuttgart 1849. 3. Aufl. Bd. 2. — Rennell, Description of Hindostan. — Turner, Account of the Embassy of Thibet. — Baudoin, Histoire de Yncas, rois de Perou, traduit de l'espagnol de l'Ynca Garcilasso de la Vega. Amsterdam 1704. Kap. VIII S. 259. — Frezier, Allerneueste Reise nach der Südsee. Hamburg 1718. 2. Teil. Kap. III S. 244. — Jacob Leupold, Theatrum pontificale oder Schauplatz der Brücken und des Brückenbaues. Leipzig 1726. — Drewry, A memoir on suspension-bridges. London 1832. — Brücke bei St. Jago in Chile, Edinburgh philosophical Journal. 1826. Bd. 14 S. 52. — Douglas, On military bridges. Vol. 1. London 1816. — Bodson De Noirfontaine, Mémoire sur les ponts de cordages. Ann. d. ponts et chaussées. 1832. II. S. 363. — Schramm, Historischer Schauplatz, in welchem die merkwürdigsten Brücken beschrieben werden. Leipzig 1735. S. 55 u. 56. — Streifzüge unter den Dayaks auf Borneo. Globus. 1863. Bd. 3 S. 140. — Theodor Beck, Beiträge zur Geschichte des Maschinenbaues. Berlin 1899. S. 525. — Hildenbrand, Die Hängebrücken von der ältesten bis zur neuesten Zeit. Vortrag, gehalten im technischen Verein von New York. 1905.

[2]) Des ponts en fil de fer par Seguin Ainé d'Annonay. Paris 1824. 2. Aufl. 1826.

[3]) Dufour, Description du pont suspendu en fil de fer construit à Genevè. 1824. — Berg, Der Bau der Hängebrücke aus Eisendraht. Leipzig 1824. S. 31.

[4]) Vicat, Ponts suspendus en fil de fer sur le Rhône. Ann. d. ponts et chaussées. 1831. I. S. 93.

[5]) Bibliothèque universelle de Genève. Dezember 1831. — Hann u. Hosking, The Theory, Practice and Architecture of Bridges. London 1843. Bd. I. Description of plate 121.

[6]) M. L. C. M., Analyse et extrait des deux ouvrages de M. G. H. Dufour, sur les ponts suspendus. Ann. d. ponts et chaussées. 183. I. S. 85.

[7]) Vicat, Nouvelle manière de confectionner les câbles en fil de fer. Ann. d. ponts et chaussées. 1834. I S. 129.

[8]) Leblanc, Description du pont suspendu de la Roche-Bernard. Paris 1841. — Noyon, Sur la restauration et la consolidation de la suspension du pont de la Roche-Bernard. Ann. d. ponts et chauss. 1859. II. S. 249.

[9]) Die Drahthängebrücke über die Dordogne bei Cubzac. Allgem. Bauzeitung 1839. — Ponts suspendus sur la Dordogne à Cubzac et sur la Garonne au passage de Belleperche. Ann. d. ponts et chauss. 1835.

[10]) M. Chaley, Pont suspendu de Fribourg (Suisse). Paris 1835. — Allgem. Bauzeitung 1836 S. 341. — Wedding, Die Drahtbrücke bei Freiburg in der Schweiz. Verhandlungen des Vereins zur Beförderung des Gewerbefleißes in Preußen 1853 S. 143. — Riese, Die Ingenieur-Bauwerke der Schweiz. Berlin 1887. S. 115.

[11]) Hann u. Hosking, The theory, practice and architecture of bridges. Supplement. 1850. S. 139.

[12]) Culmann, Die Drahtkabelbrücken unterhalb der Niagarafälle und über den Ohio bei Wheeling. Allgem. Bauzeitung 1852. — Zeitschr. für Bauwesen 1862 S. 373.

[13]) Hübener u. Brix, Die Konstruktion der bei Augers eingestürzten Hängebrücke und die Ursachen des Einsturzes. Verh. d. Ver. f. d. Bef. d. Gewerbefleiß. in Preußen 1851 S. 132. — Rapport de la Commission d'enquète nommée par M. le préfet de Maine-et-Loire pour rechercher les causes de la chute de la Basse-Chaine. Ann. d. ponts et chauss. 1850. II. S. 294. — Tardif, Catastrophe du pont de la Basse-Chaine. Augers 1852.

[14]) Reuleaux, Der Konstrukteur. 1. Aufl. Braunschweig 1861/62.

[15]) Lange, Die Lambethbrücke in London. Zeitschr. d. Ver. Deutsch. Ing. 1863 S. 210. — Heidmann, Die Lambethbrücke in London. Zeitschr. d. Österr. Ing.- u. Arch.-Ver. 1863. — Zeitschr. d. Arch.- u. Ing.-Ver. zu Hannover 1864. — Zeitschr. f. Bauw. 1866. — Allgem. Bauzeit. 1866.

[16]) Malezieux, Travaux publics des Etats-Unis d'Amerique en 1870. Rapport de mission. Publié par ordre de M. le ministre des travaux publics. Paris 1873.

[17]) Zeitschr. d. bayr. Arch.- u. Ing.-Ver. 1871.

[18]) W. Hildenbrand, Cable-Making for Suspension Bridges. New York 1877.

[19]) Nicou, Note sur les pònts suspendus de St. Ilpize et de Lamothe. Ann. d. ponts et chauss. II. 1885. S. 660.

[20]) Mitteilungen der Prüfungsanstalt von Baumaterialien am eidgen. Polytechnikum in Zürich, Selbstverlag 1890. S. 227—274.

[21]) Prof. Belelubsky, Die Untersuchung der Kabel der seit 40 Jahren bestehenden Brücke zu Kiew. Génie civil 1890. XVII. S. 159.

[22]) Der Wettbewerb für die Erbauung zweier Donaubrücken in Budapest. Zeitschr. d. Ver. Deutsch. Ing. 1894. — Zentralbl. d. Bauverw. 1894.

[23]) Der Wettbewerb für eine feste Rheinbrücke in Bonn. Th. Landsberg, Zentralbl. d. Bauverw. 1895 Nr. 2 u. 13. — Zschetsche, Zeitschr. d. Ver. Deutsch. Ing. 1895.

[24]) Engineering News. 1895. I. S. 114.

[25]) Verhandlungen des Vereins für Eisenbahnkunde. 1896. S. 1—35.

[26]) George S. Morison, Suspension Bridges. A. Study. With Discussion. American Soc. of. Civil. Eng. 1896. Dezember.

[27]) A. Ritter, Lehrbuch der Technischen Mechanik. Leipzig 1896. — a) S. 387. — b) S. 386. — c) S. 490.

[28]) W. Keck, Vorträge über Mechanik. 1896. — a) I. Teil S. 247 f.

[29]) Mehrtens, Hängebrücken der Neuzeit. I, II u. III. Stahl und Eisen 1897. — a) S. 1054 f. — b) S. 872 f.

[30]) Straßenbrücke über die Argen bei Langenargen. Zeitschr. d. Ver. Deutsch. Ing. 1897 Bd. 43.

[31]) Förster, Zeitschr. f. Arch. u. Bauwesen 1897 S. 551. — Bernhard, Zeitschr. d. Ver. Deutsch. Ing. 1901 Nr. 20. — Leinekugel le Cocq, Génie civil 1903 Bd. 44 Nr. 3 u. 4. — Dr.-Ing. Speck, Beitrag zur Geschichte und Theorie der Schwebefährbrücken. Fortschr. d. Ing.-Wiss. II. 18. Leipzig 1908.

[32]) D.R.P. der A.-G. für Eisenindustrie und Brückenbau (vorm. J. C. Harkort). Duisburg 1899. Kl. 19 Nr. 108936.

[33]) D.R.P. der Maschinenfabrik Augsburg-Nürnberg A.-G. 1900. Kl. 19 Nr. 110873, 115055.

[34]) Internat. Wettbewerb usw. für eine Brücke zwischen Sydney und Nord-Sydney. Zeitschr. d. Ver. Deutsch. Ing. 1901 Bd. 45.

[35]) Hrabák, Die Drahtseile. Berlin 1902.

[36]) Cable-Making on the new East River Bridge. (Williamsburgbr.) Engineering Record. 1902. I. S. 418. — Bernhard, Die Williamsburgbrücke über den East River in Neuyork. Zeitschr. d. Ver. Deutsch. Ing. 1904. S. 1213.

[37]) Mehrtens, Statik der Baukonstruktionen und Festigkeitslehre. Bd. 1. 1903. — a) S. 28. — b) S. 24, 25. — c) S. 43. — d) S. 156.

[38]) Journal of the Western Society of. Eng. 1903. Aug. S. 419.

[39]) Pont suspendu semi-rigide de Vernaison. Génie civil 1903. Bd. 43 S. 145.

[40]) Divis, Der Elastizitätsmodul von Förderdrahtseilen. Jahrbuch der Bergakademie. 1904. I.

[41]) Engin. News. 1905. I. S. 244.

[42]) Pont suspendu de Jons-Niévroz sur le Rhône. Génie civil 1905. Bd. 46 S. 313.

[43]) Dr.-Ing. Bohny, Theorie und Konstruktion versteifter Hängebrücken. Leipzig 1905. a) S. 84. — b) S. 85. — c) S. 91.

[44]) Dr. H. Benndorf, Beiträge zur Theorie der Drahtseile. Zeitschr. d. Österr. Ing.- und Arch.-Ver. 1904. Heft 30 u. 31. 1905. Heft 8 u. 50.

[45]) Hütte, Des Ingenieurs Taschenbuch. Berlin 1905. — a) Abt. I S. 1145 Nr. 1 — b) Abt. I S. 213. — c) Abt. I S. 99.

[46]) C. Bach, Elastizität und Festigkeit. 5. Aufl. a) S. 45—51.

[47]) Melan, Theorie und Konstruktion der Hängebrücken. Handbuch d. Ing.-Wiss. II. Band 5. Abt. 3. Aufl. 1906. — a) S. 232. — b) S. 237, 238. — c) S. 233, 234. — d) S. 236. — e) S. 254. — f) S. 248 f. — g) S. 216. — h) S. 383 f., 391.

[48]) Berg, Der Spannungszustand einfach geschlungener Drahtseile. Diss. Hannover 1907. Dinglers Polyt. Journal 1907.

[49]) J. Isaachsen, Die Beanspruchung von Drahtseilen. Zeitschr. d. Ver. Deutsch. Ing. 1907 S. 652.

[50]) Die Konstruktion der eisernen Balkenbrücken. Handbuch d. Ing.-Wiss. Bd. 2 3. Abt. Leipzig 1907. 3. Aufl. — a) S. 125.

[51]) C. Bach, Die Maschinenelemente. 10. Aufl. Leipzig 1908. — a) S. 472. — b) S. 687. — c) S. 683. — d) S. 691. — e) S. 473. — f) S. 673. — g) S. 120. — h) S. 401 f.

[52]) Mehrtens, Vorlesungen über Ingenierwissenschaften. 2. Teil. Eisenbrückenbau. 1. Bd. Leipzig 1908. — a) S. 433—435. — b) S. 471. — c) S. 740. — d) S. 454. — e) S. 441, 443. — f) S. 364. — g) S. 411.

[53]) Construction of the Manhattan Bridge Cables. Engin. Record. 1908. Bd. 58 S. 637.

[54]) Nouvelles annales de la construction 1909. — Génie civil 1909, 1910. — „Der Eisenbau, Internationale Monatsschrift für Theorie und Praxis des Eisenbaues“. 1910.

[55]) Bock, Bruchgefahr der Drahtseile. Glückauf, Berg- und Hüttenmännische Zeitschr. 1909. S. 1545 f.

[56]) Dipl.-Ing. Speer, Mechanische Untersuchungen über den Einfluß der Verzinkung auf Förderseildrähte. Glückauf. 1910 Nr. 22, 23, 24, 25. — a) S. 785 f. — b) S. 827 f.

[57]) Dr. H. Winter, Metallographische Untersuchungen über den Einfluß der Verzinkung auf Förderseildrähte. Glückauf wie unter 31.

[58]) Die Schwebefähre auf der Kaiserl. Werft Kiel von O. Franzius und W. Knopp. Zeitschr. d. Ver. Deutsch. Ing. 1911 Nr. 19 S. 764.

[59]) Dr.-Ing. W. Hauffe, Die Manhattanbrücke. Der Eisenbau. 1911. S. 157 u. S. 205.

[60]) Der Wettbewerb um den Bau einer Rheinstraßenbrücke in Köln von Geh. Hofr. Prof. Ch. Mehrtens und Ing. F. Bleich. Der Eisenbau. 1911. Heft 10—12. 1912. Heft 1—3 u. 5. — a) 1911 Nr. 10 S. 427. — b) 1911 Nr. 12 S. 503, 504. — c) 1911 Nr. 10 S. 411, 412. — d) 1911 Nr. 10 S. 418, Nr. 11 S. 461 f., Nr. 12 S. 504, 506. — e) 1912 Nr. 1 S. 27.

[61]) R. Sonntag, Wirtschaftliche Gesichtspunkte und Vorschläge für den Bau versteifter Hängebrücken. Der Eisenbau. 1911. S. 187, 246, 270, 320. a) S. 197.

[62]) Dr. Ing. Trauer, Die Kaiserbrücke in Breslau. Der Eisenbau. 1911 Nr. 2 S. 45; Nr. 3 S. 118. — a) S. 58.

[63]) Lueger, Lexikon der gesamten Technik. 2. Aufl. 3. Bd. S. 41.

[64]) Speer, Die Sicherheit der Förderseile. Glückauf. 1912. S. 737, 781, 824, 1028.

Erster Abschnitt.

Geschichtliche Entwicklung, Herstellung und Eigenschaften des Brückenkabels.

§ 1.

Einleitung.

1. Überblick über die Geschichte der Drahtkabelbrücken.

Der vorstehenden Arbeit soll eine gedrängte Zusammenfassung der Geschichte des Kabelbrückenbaues (s. Anm. a) vorangestellt werden, nur um hier diejenigen Umstände hervorzuheben, welche die Entwicklung des Brückenkabels bis zu seiner heutigen verschiedenfachen Ausbildungsweise bedingt haben.

Die Hängebrücke nimmt in der Geschichte der Brückenbaukunst einen hervorragenden Platz ein. Sie wurde in einfachster Form unter Verwendung von Pflanzenteilen wahrscheinlich schon in vorgeschichtlicher Zeit von den Menschen benutzt, um den Übergang über Schluchten und Wasserläufe zu ermöglichen, wenn sich keine Zwischenstützpunkte boten. Sehr alte Seilbrücken sind in Ostindien, Tibet, Hindostan, Südamerika und an anderen Orten gefunden worden und auch heute noch sieht der Reisende bei verschiedenen Naturvölkern Hängestege einfachster Art in Verwendung[1]) (s. Anm. b). Die tragenden Teile bei diesen Naturbrücken sind fast immer aus Pflanzenteilen z. B. Palmenstengeln, Agavenwurzeln, Bambusrohren u. dgl.

Anm. a) Für den geschichtlichen Überblick und die zugehörigen Literaturangaben wurde das Werk benützt: G. Ch. Mehrtens, Eisenbrückenbau[52]) Bd. 1: Gesamtanordnung der festen Eisenbrücken und ihre geschichtliche Entwicklung bis auf die Gegenwart.

Anm. b) Die Indices beziehen sich auf die entsprechenden Nummern des Literaturverzeichnisses (S. VII—X).

gebildet, man hat in Südamerika auch Brücken gefunden, deren Seile aus Tierhäuten geflochten waren.

Seine eigentliche Bedeutung gewinnt natürlich der Hängebrückenbau erst mit Einführung des Eisens als Baustoff. Die ältesten Hängebrücken waren Kettenbrücken und erst verhältnismäßig spät beginnt die Verwendung von Drahtkabeln. Die erste Kabelbrücke, die allerdings nur zur vorübergehenden Benutzung bestimmt war, ist ein 1816 errichteter und 1817 wieder abgebrochener Hängesteg von 124 m Weite über den Schuylkillfall bei Philadelphia. Seine Kabel bestanden aus je 6 Rundeisen von etwa 9 mm Durchmesser.

Der englische Ingenieur Telford bearbeitete 1814—1818 den Entwurf einer Hängebrücke über den Mersey bei Runcorn (Spannweite 305 m), wobei er kabelähnliche Hängegurte vorschlug, welche aus aneinander geschweißten Stäben bestehen sollten. 36 Stäbe bildeten einen quadratischen Querschnitt von 7,6 cm Seitenlänge. Auf die Seiten gelegte, segmentförmige Eisenstäbe ergänzten das Kabel zu einem Kreiszylinder von etwa 10,8 cm Durchmesser. Das Verdienst der Einführung des Drahtkabels im Brückenbau gebührt den Franzosen. Erstmalig beabsichtigte im Jahre 1821 Seguin der Aeltere [2]) die Anwendung von Drahtbündeln (faisceaux en fil de fer) für Brückenkabel. Die erste europäische Drahtkabelbrücke wurde 1822—1823 in der Schweiz von dem französischen Oberstleutnant Dufour erbaut, der mit Seguin in Verbindung stand und durch dessen Rat unterstützt wurde. Es ist dies die Fußgängerbrücke von St. Antoine in Genf [3]) mit zwei Öffnungen von je 40 m Weite. Jedes der Drahtseile besteht aus 90 Drähten von 2,5 mm Stärke.

Mit dem Jahre 1824 beginnt ein außerordentlich starkes Aufblühen des Kabelbrückenbaues in Frankreich. In den Jahren 1824—1830 wurden allein 8 Rhônebrücken [4]) erbaut, mit Weiten bis zu 120 m bei der Brücke Beaucaire-Tarascon. Die Anzahl der verwendeten Kabel betrug 2—6 auf jeder Bahnseite der Brücke, der Drahtdurchmesser schwankte zwischen 2,5 und 3 mm. 1830—1831 baute Dufour in Genf eine zweite Kabelbrücke über die Stadtgräben mit 2 Öffnungen von je 40,5 m Weite. [5])

Die ersten Versuche über die Festigkeit von Brückendrähten

stammen von Seguin und Dufour[6]) aus den Jahren 1822—1823. Die Versuche des letzteren erstreckten sich u. a. auf das Verhalten des Drahtes bei Längenänderungen, Bruch, Biegung, Knotenbildung und auf die Herstellung von Drahtverbindungen. Interessant ist auch die Ausbildungsweise eines Seilschlosses vom Jahre 1831, wie sie von Dufour erprobt wurde (Abb. 1). Sie zeigt die Ausbreitung der einzelnen Drähte in einer Kegelfläche des Verschlußkörpers, also ein Prinzip, wie es bei den modernen Seilköpfen für Spiralkabel befolgt wird.

Aus dem Jahre 1834 stammt ferner eine Veröffentlichung vom französischen Oberingenieur Vicat über „Ein neue Art Eisendrahtkabel zu bilden".[7]) Sie ist deshalb bemerkenswert, weil darin auf die gleichmäßige Spannungsverteilung im Querschnitt besonderer Wert gelegt wird. Da bei bogenrecht ab-

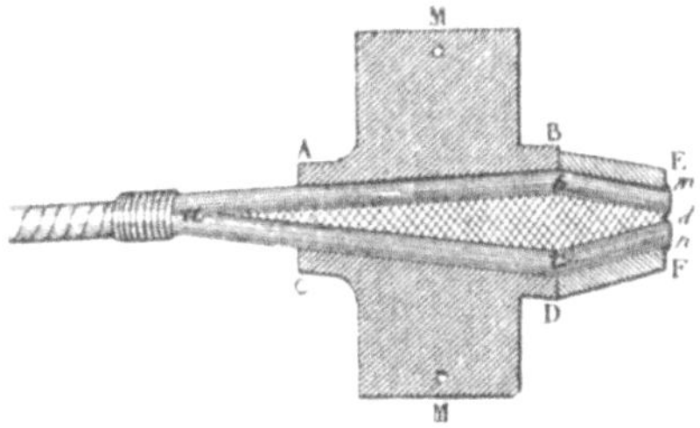

Abb. 1.
Seilschloß nach Dufour 1831.

geschnittenen Kabelenden alle Drähte verschiedene Längen haben, die genau genommen sämtlich zu berechnen wären, schlägt Vicat den rechteckigen Kabelquerschnitt vor, der aus mehreren Lagen ebenfalls rechteckiger Seile gebildet wird. und berechnet dann nur die Länge jeder Lage.

Die erste Periode außerordentlich starker Betätigung im Kabelbrückenbau reicht in Frankreich etwa bis zum Jahre 1850. Es sind da noch bemerkenswert 4 Brücken über die Seine in Paris mit Spannweiten bis zu 100 m. Weiter gespannte Brücken zählt man in dieser Zeit 7, von denen die Vilainebrücke bei la Roche-Bernard, 1836 erbaut, die größte Weite, nämlich 198 m aufweist.[8]) Nur eine von diesen Brücken hat 38 Jahre in Betrieb gestanden, die anderen haben nur ein 11—27jähriges Bestehen aufzuweisen. Eine Eisenbahnkabelbrücke ist 1840 durch Seguin in Lyon erbaut worden, sie war aber nur 4 Jahre im Betrieb.

Bei fast allen den vorbezeichneten Brücken sind auf jeder Seite der Fahrbahn mehr als ein Kabel, mitunter deren 4 oder 6 angeordnet gewesen. Die Dordognebrücke bei Cubzac besaß sogar eine Gesamtzahl von 44 Seilen in einer Öffnung[9])

Die Herstellung der Kabel geschah bei den ältesten französischen Bauwerken so, daß die in der Nähe der Baustelle wagrecht und parallel ausgelegten Drähte durch Klammern in den kreisförmigen oder bündelartigen Querschnitt gepreßt und darauf in Abständen von etwa 30—50 cm durch Drahtumwicklungen gebündelt wurden. Die fertigen Kabel hängte man dann an der richtigen Stelle auf, was infolge der geringen Biegsamkeit solcher Paralleldrahtkabel mit Schwierigkeiten verbunden sein konnte. So hat Vicat bei der Dordognebrücke in Argentat (Spannweite 105 m) die Umwickelungen der geraden Kabel wieder aufschneiden müssen und erst wiederhergestellt, nachdem er die Drähte in die Gleichgewichtsform gebracht hatte.

Solche Schwierigkeiten werden vermieden, wenn man die Drähte einzeln mit ihrem richtigen Pfeil an der Baustelle aufhängt, ein Verfahren, welches, soweit bekannt, erstmalig bei der obenerwähnten Vilainebrücke im Jahre 1836 angewendet wurde und dessen Grundgedanke der gleiche ist wie bei dem neueren, von Röbling in Amerika eingeführten sogen. „amerikanischen Luftspinnverfahren“.

In dem vierten Jahrzehnt des vorigen Jahrhunderts wurden fernerhin die beiden Kabelbrücken bei Freiburg in der Schweiz[10]) errichtet, die zu den bedeutendsten europäischen Kabelbrücken überhaupt gehören. Die ältere von beiden, 1832—1834 von dem französischen Artillerieoberst Chaley erbaut, besaß ursprünglich auf jeder Bahnseite der Brücke nur zwei Kabel von 135 mm, deren Spannweite 273 m beträgt. Jedes dieser Kabel besteht aus 1056 Drähten von etwa 3,8 mm Dicke und ist aus 20 Seilen zusammengelegt, deren Herstellung in der Werkstatt erfolgte (s. S. 43). Die größte Beanspruchung der Drähte bei Vollbelastung der Brücke betrug 27 kg/mm^2 und ihre Zugfestigkeit 75 kg/mm^2. Die Brücke wurde 1881 durch zwei neue Kabel verstärkt. Deren Herstellung geschah so, daß man auf der Baustelle jeden Draht einzeln aufhängte, darauf einzelne Bündel schuf und diese durch Drahtumwickelungen zu dem erforderlichen Querschnitt vereinigte. Die zweite Freiburger Brücke (1834—1840) besitzt eine Spannweite von 227 m und ist ähnlich ausgebildet, wie die nahegelegene ältere. Sie besaß ursprünglich zwei Kabel, deren Drahtfestigkeit mit 80 kg/mm^2 angegeben wird. Im Jahre 1897 wurde die Brücke durch zwei neue Kabel verstärkt. In Spanien ist bemerkenswert die Dourobrücke bei Porto mit 170 m Spannweite (1842 vollendet), 1866 durch eine Bogenbrücke ersetzt.[11])

Im fünften Jahrzehnt des 19. Jahrhunderts begann sich der Schwerpunkt des Kabelbrückenbaues von Frankreich nach Nordamerika zu verschieben. Auch die ersten amerikanischen Drahtbrücken waren noch nach altfranzösischer Bauart hergestellt. Das bedeutendste Werk des französischen Ingenieurs Ellet ist eine Kabelbrücke über den Ohio bei Wheeling[12]) (1847) mit einer Spannweite der Mittelöffnung von 308 m, deren 12 Kabel noch auf dem Lande hergestellt wurden. Es sind dann nach französischer Bauweise noch mehrere größere Kabelbrücken in Amerika erbaut worden, so z. B. 1849 und 1850 zwei Drahtstege von 231,6 und 317 m Stützweite über die Niagarafälle[12]) und als neuestes derartiges Bauwerk 1895 eine Ohiobrücke bei Rochester von 244 m Spannweite.

Ihre besondere Bedeutung und ihre für die größten Weiten unter allen Systemen vorherrschende Stellung hat die Drahtkabelbrücke durch die Wirksamkeit des Deutschamerikaners John A. Röbling erlangt und durch dessen Einführung des erwähnten Luftspinnverfahrens für die Brückenkabel. Zwar verwendete man, wie bereits geschildert, diese Herstellungsweise im Prinzip schon früher in Frankreich (Vilainebrücke 1836), sie wurde aber dort zugunsten der Spiralseile wieder verlassen.

Röblings bedeutendste Bauwerke und die übrigen von der Mitte des vorigeu Jahrhunderts bis auf die Gegenwart errichteten Drahtkabelbrücken Amerikas mit Spannweiten von über 200 m sind in Tabelle I S. 9 zusammengestellt.

Eine Brücke über den Elkfluß bei Charleston in West-Virginia

(1851—1852) von 145,8 m Weite, stürzte 1904 dadurch ein, daß man sie ohne jegliche Unterhaltung gelassen hatte. Infolgedessen waren ihre Tragkabel nach und nach durchgerostet.[24])

Außerdem sind zu erwähnen eine 1855 erbaute Monongahelabrücke bei Morgantown West-Virginia[41]) (185 m Spannweite) und die erste Mississippibrücke bei Minneapolis in der Hennepin-Avenue aus demselben Jahre (189 m Spannweite).[38])

Im Kabelbrückenbau Frankreichs, der bereits bis zur Mitte des 19. Jahrhunderts geschildert wurde, bewirkte der im Jahre 1850 erfolgte Einsturz der Brücke von Angers,[13]) wobei 226 Soldaten den Tod fanden, einen längeren Stillstand. In der Zeit von 1850—1880 stürzten dann noch über ein halbes Dutzend französischer Drahtkabelbrücken ein. Die inzwischen in Amerika erzielten bedeutenden Erfolge auf dem Gebiete des Kabelbrückenbaues wirkten auf Frankreich zurück[16]) und es begann sich — etwa seit dem 8. Jahrzehnt des vorigen Jahrhunderts — eine neue französische Bauart zu entwickeln. Ihr Hauptmerkmal besteht in der Verwendung von Spiralkabeln, die ursprünglich als „câbles tordus simples“, d. h. einfach (im Albertschlag) geflochtene Seile, später verbessert als „câbles tordus alternatifs“, d. h. rechts und links (im Kreuzschlag) geflochtene Seile hergestellt wurden, und zwar zuerst von Ingenieur Arnodin, dem Direktor und späteren Besitzer einer Kabelfabrik in Châteauneuf-sur-Loire. Von Amerika übernahm er als Neuerung die Anwendung der geraden Schrägbänder mit der Verbesserung, daß auf den von Schrägseilen getragenen Teilen der Fahrbahn die lotrechten Hängestangen weggelassen wurden.

Bis auf den heutigen Tag haben sich die Franzosen ihre von der amerikanischen grundverschiedene Bauweise bewahrt, deren Hauptunterschied, wie gesagt, in der Anwendung von fertig in der Werkstatt hergestellten Spiralkabeln besteht. Der Wunsch nach Auswechselbarkeit der Kabel im Betriebe und die Unmöglichkeit, die Spiralkabel wegen der notwendigen Biegsamkeit über gewisse Stärken hinaus anzufertigen, erforderten fernerhin die Bildung jeden Hängegurtes aus mehreren parallelen Einzelseilen.

Die ersten Anwendungen der neufranzösischen Bauweise finden sich bei den Brücken über den Allier bei St. Ilpize vom

Jahre 1879 und bei Lamothe (Abb. 2) vom Jahre 1883.[19]) Letztere Brücke mit einer Öffnung von 115 m Weite zeigt erstmalig die Verwendung von aus verschieden (im Kreuzschlag) geflochtenen Drähten hergestellten Spiralkabeln für die Schrägseile.

Weiter bis heute in Frankreich erbaute Kabelbrücken mit Spannweiten über 150 m sind in der Tabelle II S. 10 zusammengestellt.

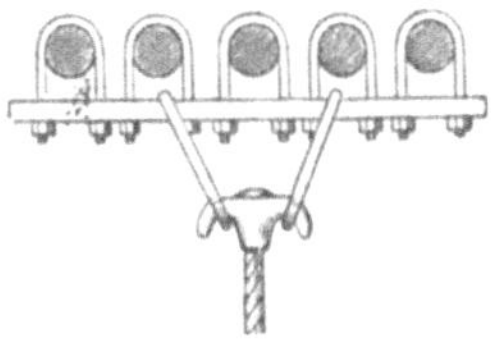

Abb. 2.
Französische Art der Fahrbahnaufhängung. Lamothebrücke.

Im folgenden sind die wenigen bemerkenswerten europäischen Drahtkabelbrücken außerhalb Frankreichs und der Schweiz angeführt:

Lambethbrücke über die Themse in London.[15])

1862—1863 erbaut. Spannweite 82 m. Erstmalige Anwendung von Kabeln aus schraubenförmig geflochtenen Seilen. 2 Kabel auf jeder Bahnseite. Jedes Kabel besteht aus 7 Litzen, jede Litze aus 7 Seilen von je 7 Drähten, die Gesamtzahl der Drähte eines Kabels beträgt also 343. Größte Spannung 12,6 kg/mm².

Drahtseilsteg über die Donau in Passau.[17])

1869 erbaut. Spannweite 125 m.

Kabel:	Durchmesser . .	270 mm
	Gesamtzahl . . .	2
	Drahtzahl . . .	998 (pro Kabel)
Draht:	Durchmesser . .	3,41 mm
	Material	schwedisches Holzkohleneisen
	Festigkeit . . .	70 kg/mm²
	Größte Spannung .	23,3 kg/mm².

Argenbrücke bei Langenargen am Bodensee.[30])
1897 erbaut.

Kabel:	Durchmesser	132 mm
	Gesamtzahl	2
	Zahl der schraubenförmig gewundenen Litzen .	7
	Drahtzahl einer Litze .	37
Draht:	Durchmesser	6,1 mm in den Decklitzen
	„	6,3 mm in der Seele
	Festigkeit	130 kg/mm², Bruchdehnung 4 v. H. in d. Decklitzen
	„	90—100 kg/mm², Bruchdehnung 4,5 v. H. in d. Kernlitze.

Ein neues Anwendungsgebiet des Kabels bilden die Schwebefähren,[31]) welche von der französischen Firma Arnodin eingeführt und auch der Mehrzahl nach in Frankreich erbaut worden sind.

Bis jetzt wurden folgende Schwebefähren mit Kabelhängegurten erbaut:

Aufstellungsort	Vollendung des Baues	Stützweite m
Nervionfluß bei Bilbao (Nordspanien)	1892	160,0
Hafeneinfahrt in Bizerta (Nordafrika)	1894	109,0
Seinemündung bei Rouen	1894	143,0
Charentefluß in Martrou bei Rochefort	1900	139,76
Loiremündung bei Nantes	1903	141,0
Hafeneinfahrt in Marseille	1904	165,0
Uslbfluß bei Newport-Monmouthshire (England)	1904	196,25
Merseyfluß (Manchesterkanal) zwischen Runcorn und Widness in England	1905	304,0
Kiel, auf der Kaiserl. Werft[58]) . . .	1910	118,0

Tabelle I.

Amerikanische, seit 1850 erbaute Drahtkabelbrücken mit über 200 m Weite einer Öffnung.

Bezeichnung der Brücke	Zeit des Baues	Öffnungen		Kabel		Drähte		Größte Spannung in den Kabeln	Entwurfsverfasser bezw. Erbauer	Bemerkungen
		Zahl	Weite m	Gesamtzahl	Durchmesser mm	Zahl eines Kabels	Durchmesser mm	kg/mm²		
Eisenbahn- u. Straßenbrücke über den Niagara	1851 bis 1855	1	250	4	254	3640	3,4	20	Röbling	s. Morandière, Traité de la construction des ponts etc., Paris 1888, S. 1497. 1897 durch eine eiserne Bogenbrücke ersetzt. Als Höchstgeschwindigkeit der Züge auf der Brücke waren 8 km in der Stunde zugelassen.
Ohiobrücke zwischen Cincinnati u. Covington	1856 bis 1867	1	322	2	305	5200	3,76	27	Röbling	1895 1899 durch Hildenbrand umgebaut, d.h. mit 2 neuen, nach dem Luftspinnverfahren hergestellten Kabeln und mit hohen gegliederten Bogensehnen-Versteifungsträgern versehen (s. Morandière).
Cliftonbrücke über die Niagarafälle	1867 bis 1869	1	386,5	2	180	931	3,9	37	Keefer	1898 durch die neue Clifton-Bogenbrücke ersetzt. Diese ist mit 258,1 m Stützweite die weitest gespannte Bogenbrücke der Welt (s. Morandière).
Neue Mississippibrücke bei Minneapolis in der Hennepin-Avenue	1875 bis 1877	1	205	4	240	3648			Griffith	Engin. News 1878 S. 85. Ann. des ponts et chauss. 1878 S. 605.
Erste Eastriverbrücke (Brooklynbrücke) New York	1870 bis 1883	1 2	487,7 283,7	4	400	6308	4,2	33,3	Röbling	Dauer des Seilspinnens: 21 Monate. s. die Literaturangaben im Handb. d. Ing.-Wissensch. S. 301.
East Liverpoolbrücke über den Ohio bei Pittsburgh	1895	1 1 1	214,9 128,0 109,5	2	200	1400	4,2		Laub	Engin. News I. 1897 S. 199.
Williamsburgbrücke über den Eastriver, New York	1896 bis 1903	1 2	487,7 181,8	4	473	10397	4,2	35,4	Buck	Dauer des Seilspinnens: 7 Monate. s. die Literaturangaben im Handb. d. Ing.-Wiss. S. 303.
Manhattanbrücke über den Eastriver, New York[59])	1907*) bis 1910	1 2	448 221	4	530	9472	5	42,2 bis 51,3	Geo Best	Dauer des Seilspinnens: 4 Monate. *) 1907 wurde der eiserne Überbau begonnen. Beginn der Gründungen 1901.

Tabelle II.

Drahtkabelbrücken mit über 150 m Weite einer Öffnung nach der neufranzösischen Bauart.

Bezeichnung der Brücke	Zeit des Baues	Öffnungen: Zahl	Öffnungen: Weite m	Hängeseile: Gesamtzahl	Hängeseile: Durchmesser mm	Drähte: Zahl in einem Kabel	Drähte: Durchmesser mm	Größte Spannung in den Kabeln kg/mm²	Bemerkungen
Garonnebrücke in Verdun	1886	1	152,0	16		190	4,28	18	s. Morandière.
Brücke de la Voulte über den großen Rhônearm (Ardèche)	1890 bis 1891	1 2	180,0 45,0	14	56	127	4,28	20	s. Mehrtens, Eisenbrückenbau S. 49) (Anm. S. 3).
Aramonbrücke über die Rhône (Gard)	1901	1 2	274,3 45,0	14	65	127	4,97	20	Desgl.
Brücke le Bonhomme über den Blavet (Morbihan)	1904	1 2	160,0 35,5	10	60	127	4,5	20	Desgl.
Brücke von Vernaison über die Rhône[39])	1902	1 1 1	52,5 232,82 42,4	24	Querschnitt 1556 mm²	127	3,95		Drahtfestigkeit 140 kg/mm².
Brücke bei Jons-Niévroz über die Rhône[42])	1904 bis 1905	1	200	10*)	Querschnitt 2717 mm²	193	5,1	31,2	Drahtfestigkeit 150 kg/mm². Verankerungskabel: 167 Drähte von 5,1 mm. Beanspruchung 29 kg/mm². *) Die Aufhängung ist für 12 Kabel eingerichtet für spätere Überführung einer Straßenbahn.

Zu den europäischen Drahtkabelbrücken sind noch hinzuzufügen:

1. Ein neuer Drahthängesteg in Passau (1911).

2. Brücke von Villefranche nach Bourg-Madame in den franz. Pyrenäen.[54]) Erbaut nach einem neuen System des Obersten Gisclard, der verschiedenfach im Kabelbrückenbau Frankreichs hervorgetreten und bei der Heimkehr von der Einweihung der genannten Brücke tödlich verunglückt ist. Ausführung durch das Haus Arnodin, Obering. Leinekugel. Die Brücke hat Stützweiten von 156 + 2·39 m und dient dem elektrischen Lokalbahnverkehr (Belastungszug: 4 Motor- und 2 Lastwagen). Die Steifigkeit der Tragwände wird durch entsprechende Anordnung der Kabel (ähnlich dem System Ordish) erzielt. Durchmesser der Seile: 14 – 70 mm.

Tabelle III.

Kabelausbildung bei den Entwürfen des Wettbewerbs um den Bau einer Rheinstraßenbrücke in Köln[60]) (1910—1911).

Kennwort, Bewerb. Firma	Kabel: Ausbildung	Kabel: Zahl der Seile für jeden Hauptträger	Kabel: Stärke mm	Festigkeit
1. Alaaf Colonia. Ph. Holzmann & Cie., Frankfurt a. M.-Berlin, Gutehoffnungshütte, Oberhausen	Verschlossene Spiralseile oder Paralleldrahtkabel *)	16 s. Fig.	92	Draht: 135 – 150 kg/mm²
2. Freiheit. Gutehoffnungshütte, Ph. Holzmann	Verschlossene Spiralseile	15 s. Fig.	88,4	Draht: wie unter Nr. 1
3. Fragt nicht wie billig, fragt wie gut. Klönne, Dortmund	Verschlossene Spiralseile	21 in 3 Bündeln zu je 7 s. Fig.	92	Draht: bis zu 140 kg/mm²
4. Köln-Deutz II. Maschinenfabrik Augsburg-Nürnberg, Grün & Bilfinger, Mannheim	Verschlossene Spiralseile	14 in 2 Bündeln zu je 7 s. Fig.	104	Seil: rd. 1000 t
5. Neuzeit. Firmen wie unter 4.	Verschlossene Spiralseile	14 in 2 Bündeln zu je 7 s. Fig.	104	Seil: wie bei Nr. 4
6. Ohne Maske. Klönne, Dortmund	Verschlossene Spiralseile	21 wie bei Nr. 3 s. Fig.	92	Draht: bis zu 140 kg/mm²
7. Ehern. Hein, Lehmann & Cie. und Obering. Schumann in Düsseldorf	Parallel-drahtkabel	Pro Tragwand 1 Kabel: Jedes besteht aus 19 Litzen zu 427 Drähten von 4,55 mm Stärke		

*) Der Entwurf „Alaaf Colonia" sieht für die Paralleldrahtkabel folgende 2 Lösungen vor:

Entweder:

2 Kabel pro Tragwand. Jedes besteht aus 19 Litzen zu 330 Drähten von 4,6 mm Stärke und besitzt 385 mm Gesamtdurchmesser.

Oder:

1 Kabel pro Tragwand, bestehend aus 37 Litzen zu 300 Drähten von 4,7 mm Stärke, Gesamtdurchmesser 550 mm.

§ 2.

Herstellung und Eigenschaften des Brückenkabels.

2. Form, Material und Festigkeitseigenschaften des Drahtes.

Die Querschnittsform der Brückendrähte ist rund bei allen Paralleldraht- und den älteren Spiraldrahtkabeln, profilierte Drähte enthalten die neuzeitlichen verschlossenen Spiralkabel. Der Durchmesser von Runddrähten müßte mit Rücksicht auf die Herstellungskosten des Kabels und auf die Größe der oxydationsfähigen Oberfläche möglichst groß sein, hingegen verbietet die Steifigkeit und das Auftreten großer Spannungen bei der Biegung die Wahl zu großer Drahtdicke. Letztere hat man bei den amerikanischen Hängebrücken im Laufe der Zeit von 3,4 mm bis auf 5 mm gesteigert. Prof. Melan bezeichnet als praktische Grenzen für Drahtstärken 4—6,5 mm.[47a]) Auf die Drahtfestigkeit bei Zugbeanspruchung scheint die Form des Querschnittsumrisses keinen Einfluß auszuüben. Bei Vergleichsversuchen, die anläßlich des Baues der Schwebefähre in Kiel auf dem Karlswerk in Mülheim mit Runddrähten und den Profildrähten der Seile mit Patentverschluß vorgenommen wurden, ergab sich sogar für die Profildrähte eine gleichmäßigere Zerreißfestigkeit und Dehnung des Materiales. Das Material des Drahtes war bei älteren Hängebrücken Holzkohleneisen von 70—80 kg/mm² Festigkeit. Röbling verwendete bei der Niagarabrücke (1851 bis 1855) und bei der Ohiobrücke (1856—1867) Schweißeisen und bildete bei der ersten Eastriverbrücke (1870—1883) die Kabel aus Stahldrähten. Heute verwendet man für Brückendrähte allgemein Tiegelgußstahl. Für die Beimengungen werden in der Regel bei der Vergebung Höchstgrenzen vorgeschrieben. So durfte der Stahl für die Kabeldrähte höchstens enthalten:

	bei der Williamsburgbrücke	bei der Manhattanbrücke
Mangan:	0,50 %	0,55 %
Silicium:	0,10 %	0,2 %
Phosphor:	0,04 %	0,04 %
Schwefel:	0,03 %	0,04 %
Kupfer:	0,02 %	0,02 %

Zu der Frage, ob in Zukunft noch Verbesserungen im Material für Brückendrähte zu erwarten sind, etwa durch Einführung des Elektrostahles, teilt das Felten & Guilleaume-Carlswerk mit,[61a]) daß es sich fürs erste nicht zur Verwendung von Draht aus Elektrostahl für solche Kabel entschließen könnte, mit deren Verwendung eine hohe Verantwortung verbunden ist, da sich die Festigkeitseigenschaften von Elektrostahldrähten bei Bruchfestigkeits-, Biegungs- und Torsionsversuchen als recht ungleich ergeben hätten. Auch Untersuchungen in dem Laboratorium des Carlswerkes, welche chemisch-analytischer und metallographischer bezw. mikrophotographischer Natur waren, haben nicht zur Verwendung von Elektrostahl veranlassen können. Die gleiche Erfahrung haben bisher andere Drahtwerke gemacht. Das Carlswerk betrachtet reines schwedisches Holzkohleneisen als den besten Rohstoff für Stahldrähte.

Die hohe Zerreißfestigkeit des Drahtes beruht im wesentlichen auf der Erscheinung, daß die Festigkeit von Eisen und Stahl durch Walzen und Ziehen in Drahtform ganz bedeutend erhöht wird. Da bei der Herstellung des Drahtes vorzugsweise die Oberfläche an Festigkeit gewinnt, so ist die Drahtfestigkeit außer von der Beschaffenheit des Materiales auch abhängig vom Durchmesser, und zwar nimmt sie mit abnehmender Dicke bei sonst gleichen Materialeigenschaften zu. Es lassen sich Drähte bis über 200 kg/mm^2 Festigkeit herstellen, und zwar ist das sogen. Pflugstahldraht, weil er für die Drahtseile der Dampfpflüge zwecks möglichster Gewichtsersparnis Verwendung findet. Solche Drahtsorten sind aber ziemlich spröde und empfindlich gegenüber Biegung und Torsion. Daher sind sie im Brückenbau mit Rücksicht auf die hier verlangte große Sicherheit nicht zu verwenden. Als Grenzen für die Zugfestigkeit normalen Brückendrahtes kann man 120—150 kg/mm^2 annehmen, für verschlossene Seile empfiehlt das Carlswerk neuerdings mit einer Festigkeit von 130 kg/mm^2 zu rechnen. In Tabelle V S. 48 sind die Drahtfestigkeiten zu ersehen, welche die bedeutendsten Kabelbrücken aufweisen.

Von nicht unwesentlichem Einfluß auf die Festigkeitseigenschaften des Drahtes ist die Verzinkung, welche als Rostschutzmittel bei den aus Runddrähten gebildeten Kabeln verwendet wird. Dipl.-Ing. Speer, Leiter der Seilprüfungsstelle an der westfäl. Berggewerkschaftskasse in Bochum, hat umfangreiche Untersuchungen über den Einfluß der Verzinkung auf Förderseildrähte[56a]) angestellt und nachgewiesen, daß das Material durch den Verzinkungsprozeß leidet, an Zug-, Biegungs- und Verdrehungsfestigkeit abnimmt. Er findet, daß eine Verschlechterung besonders durch eine zu heiße Verzinkung bewirkt wird. Diesbezügliche metallographische Untersuchungen an Förderseildrähten hat Dr. H. Winter[57]) ausgeführt. Ganz ähnlich verhalten sich die in der Regel stärkeren Brückendrähte, so sank die Festigkeit des bei der Manhattanbrücke verwendeten Tiegelgußstahldrahtes von 157 kg/mm² vor der Verzinkung auf 146 kg/mm² nach der Verzinkung, das ist eine Verminderung um 7 %. Im Brückenbau ist dieser Nachteil aber gering gegenüber dem großen Vorteil eines guten Rostschutzes, den man durch die Verzinkung erreicht.

Bezüglich des Dehnungsmaßes ist zu bemerken, daß man für Tiegelgußstahl 20000—23000 kg/mm² rechnet. Für Draht aus diesem Material nimmt die letzte Ausgabe der „Hütte" 21500, Melan 20000—21000,[47a]) Bohny 21000—22000 kg/mm²[43a]) an.

Von den bei der Dehnung von Drahtmaterial wichtigen Spannungsgrenzen ist am sichersten die Proportionalitätsgrenze zu bestimmen. In Abb. 3 sind die Dehnungslinien von Draht mit 140 kg/mm² Festigkeit dargestellt, welche auf Grund von Versuchen in der mechanisch-technischen Versuchsanstalt in Charlottenburg im Auftrage von Felten & Guilleaume durchgeführt worden.[43b]) Aus ihnen ergibt sich die Proportionalitätsgrenze im Mittel zu 45—50 % der Bruchfestigkeit.

Die Elastizitätsgrenze und die Streckgrenze sind bei Draht schwer zu bestimmen. Letztere liegt nach Versuchen von Speer[56b]) bei blanken Drähten von rund 120 kg/mm² Festigkeit bei etwa 85 % dieses Wertes. Die Elastizitätsgrenze kann man nach Felten & Guilleaume bei Drähten von 120—150 kg/mm² Festigkeit und 2—3 % Bruchdehnung zu 70—75 % der Bruchbeanspruchung annehmen, bei weicherem Draht von 90—100 kg/mm² Festigkeit und 7—8 % Bruchdehnung zu 65 % der Bruchbeanspruchung.

Die Bruchdehnung betrug bei den Kabeln der Langenargener Brücke 4 % bezw. 4,5 % bei den Drähten der äußeren und inneren Litzen. Für den Kabeldraht der Manhattanbrücke war eine Bruchdehnung von mindestens 2 % auf 305 mm Meßlänge vorgeschrieben. Die Kabel der Schwebefähre in Kiel zeigten eine durchschnittliche Bruchdehnung des Drahtes von 2,5 %. Tetmayer fand bei den Untersuchungen der Drahtseile für die schweizerischen Drahtseilbahnen,[20]) wobei es sich um

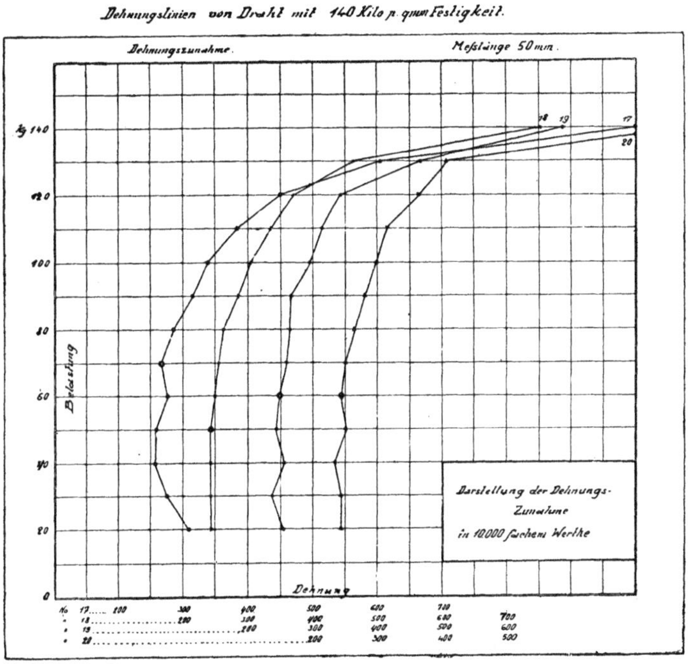

Abb. 3.

dünne Seile mit Drähten von 1,25—2,5 mm Stärke handelte, bei den Seeldrähten eine Bruchdehnung von 2,5—4,3 % bei den Umfangs drähten eine solche von 2,7—4 % bezogen auf 500 mm Meßlänge. Wichtig ist immer die Angabe der Meßlänge, sie pflegt ein rundes Maß, neuerdings in der Regel 200 mm oder 1 Fuß engl. = 305 mm zu betragen. Bezogen auf diese Meßlängen kann man als Grenzen für die Bruchdehnung von Brückendraht mit Festigkeiten von 120—150 kg/mm² 2—4,5 % annehmen.

3. Allgemeines über das Kabel.

a) Herstellung und Einteilung.

Die vorzüglichen Eigenschaften des Drahtes, dessen Festigkeit von keinem anderen Brückenbaustoff erreicht wird, lassen ihn für die Ausbildung von Hängegurten ganz besonders geeignet erscheinen. Es ist aber durchaus keine einfache Aufgabe, die großen Zugquerschnitte so aus den vielen Einzeldrähten zusammenzusetzen, daß ein jeder den ihm rechnungsmäßig zukommenden Anteil an der Gesamtspannkraft mit Sicherheit aufnimmt. Über gewisse Stärkenmaße des Drahtes, etwa 5 mm, geht man nicht gern hinaus, und gerade die dünneren Drähte lassen sich, wie schon gesagt, mit der größeren Festigkeit herstellen. Mit der Anzahl der den Querschnitt bildenden Einzelelemente vermehrt man aber wiederum die Oberfläche bedeutend, so beträgt bei der Manhattanbrücke die Gesamtoberfläche der 9472 Drähte von 5 mm Stärke eines der 4 Haugtkabel rund 148 m^2 pro Meter. Damit erhöhen sich also die notwendigen Maßnahmen zum Schutze der Oberfläche gegen Rostgefahr ganz bedeutend. Daß aber bei sorgfältiger Ausführung dauernde Rostsicherheit erreicht werden kann, beweisen ältere Hängebrücken, bei denen die gutausgeführten Kabel nach jahrzehntelangem Bestehen eine vollständig tadellose Beschaffenheit und weder Rostbildungen noch eine Einbuße an Festigkeit aufwiesen.[47b)] [21)] Was die Frage der Herstellung anbelangt, so wäre die Herstellung des Kabels oder seiner Litzen am besten natürlich in der Werkstatt zu bewirken. Hier könnte man unter Schutz vor den Einflüssen der Witterung bei gleichmäßiger Temperatur und vermittels aller notwendigen Hilfsmaschinen am leichtesten ein Zugglied herstellen, welches nach allen den erörterten Gesichtspunkten hin genügt. Dem steht aber die Forderung der Transportmöglichkeit oder, was auf dasselbe hinauskommt, der Biegsamkeit stärkerer Seile hindernd entgegen. Diese notwendige Eigenschaft verbietet die Herstellung von Paralleldrahtseilen in der Werkstatt, da solche schon bei geringem Durchmesser zu steif werden. Immerhin ist im Brückenbau die Forderung der Biegsamkeit keine so gebieterische wie in der übrigen Technik der Drahtseile, vor allem bei der Schachtförderung im Bergbau, wo der Sicherheitsgrad sehr bedeutend von der Größe der Biegungsspannungen abhängt, die sich sonst nur durch einen sehr großen Scheibendurchmesser verringern lassen. Man hat auch Paralleldrahtseile für Brückenbauzwecke in der Werkstatt hergestellt, z. B. für die ältere der beiden Freiburger Brücken, wie S. 43 geschildert. Abgesehen von dieser Ausnahme von lediglich geschichtlichem Interesse werden jetzt in der Werkstatt auch für den Brückenbau nur Spiralseile hergestellt, so genannt, weil ihre Drähte in Windungen um eine Seele geschlungen sind. Die andere Möglichkeit der Bildung des Kabels besteht darin, daß man den Draht auf Trommeln aufwickelt, an die Baustelle schafft und, indem man dort die Drähte einzeln und parallel aushängt, das sogen. Paralleldrahtkabel erhält. Beide Arten sollen nachstehend besprochen werden.

b) Zulässige Spannung und Sicherheitsgrad.

Bei der Festsetzung der zulässigen Spannung für Stahldrahtkabel ist zu berücksichtigen, daß diese als Konstruktionsglied einer Hängebrücke günstiger beansprucht werden als die Stäbe genieteter Balken- und Bogenbrücken, denn sie erleiden erstens lediglich Zugbeanspruchung, die nicht in so weiten Grenzen schwankt, als dies sonst der Fall zu sein pflegt. Ferner sind die Nebenspannungen, welche infolge Winkeländerungen in den Knotenpunkten entstehen, geringer als bei genieteten Gurten.

Nachstehend ist der Sicherheitsgrad bei einigen Hängebrücken angeführt:

Tabelle IV.

Brücke		Festigkeit des Drahtes oder des Kabels	Größte Beanspruchung des Drahtes oder des Kabels	Sicherheitsgrad rund
Alte Eastriverbrücke		112,5 kg/mm²	33,3 kg/mm²	3,4
Williamsburgbrücke		140 kg/mm²	35,4 kg/mm²	4,0
Manhattanbrücke		152 kg/mm²	51,3 kg/mm²	3,0
Langenargener Brücke		890 t (rechn.)	220 t	4,0
Schwebefähre Kiel	Tragk.	596 t (540 t rechn.)	147,2 t	4,0 (3,7)
	Rückhaltkabel	515 t (470 t rechn.)	126,6 t	

Bei der Manhattanbrücke ist man also mit dem Sicherheitsgrad bereits bis 3,0 heruntergegangen. Im letzten Kölner Wettbewerb rechnen die Entwürfe 1, 2, 3 und 4 der Tabelle III S. 11 mit einer dreifachen Sicherheit gegen Zerreißen der Kabel. Bei Spiralseilen ist es natürlich bei n facher Sicherheit notwendig, die größte im Bauwerk auftretende Gesamtspannkraft des Seiles zu $\frac{1}{n}$ der Gesamtbruchfestigkeit anzunehmen, die entweder von gleichkonstruierten Seilen her bekannt ist, oder nach den Ausführungen S. 34 mindestens etwa zu 90 % der Gesamtsumme der Festigkeit der einzelnen Drähte angenommen werden kann. Will man entsprechend den neuerdings beim Kölner Wettbewerb gemachten Annahmen mit dreifacher Sicherheit rechnen, so ergibt sich für Paralleldrahtkabel bei einer Festigkeit von 120—150 kg/mm² eine zulässige Beanspruchung des Drahtes von 40—50 kg/mm².

Diese Werte erscheinen auch gerechtfertigt mit Rücksicht auf die hochgelegene Elastizitätsgrenze des Tiegelgußstahldrahtes. die nach S. 14 zu 70—75 % der Bruchgrenze, also mindestens zu $0{,}70 \cdot 120 = \sim 80$ kg/mm² angenommen werden kann. Geht man von der für Flußeisen für die Hängegurte von Brücken höchstens zugelassenen Beanspruchung aus, so ergibt sich nach der Abhandlung von Sonntag[61a]) folgendes:

Das übliche Flußeisen muß nach den Bedingungen der preußischen Staatseisenbahnverwaltung eine Zugfestigkeit von mindestens 37 und höchstens 44 kg/mm² haben. Die Elastizitätsgrenze des Flußeisens liegt zwischen 18 und 24, also im Mittel bei 21 kg/mm². Nun wurde einschließlich Wärmewirkung z. B. bei der Kaiserbrücke in Breslau eine Beanspruchung von 13,2 kg/mm² zugelassen. Das ergibt eine Sicherheit gegen Zerreißen von

$$\frac{37}{13{,}2} = 2{,}8 \text{ bis } \frac{44}{13{,}2} = 3{,}33\,,$$

im Mittel von 3,07, d. h. wie oben schon vorgeschlagen. Erhöht man den Wert von 13,2 für Flußeisen im Verhältnis von dessen Elastizitätsgrenze zu der des Stahldrahtes, so ergibt sich als zulässige Spannung

$$\sigma = 13{,}2 \cdot \frac{80}{21} = 50{,}3 \text{ kg/mm}^2\,.$$

c) Vorkehrungen zum Schutze gegen Rostgefahr.

Von größter Bedeutung ist ein guter Rostschutz für die Erhaltung der vieldrähtigen Seile. Man überzieht zu diesem Zwecke die Drähte selbst mit einer rostschützenden Schicht und füllt die Zwischenräume mit einer geeigneten, das Eindringen des Wassers verhindernden Substanz aus. Paralleldrahtkabel umwickelt man in der Regel mit Draht, gibt ihnen einen vollständigen Blechmantel oder bestreicht außerdem die Oberfläche noch mit einem Rostschutzmittel.

Die Drähte werden zuerst verzinkt. Sie erleiden dadurch, wie besprochen, eine gewisse Festigkeitseinbuße, die aber nicht bedeutend ist gegenüber der vorzüglichen rostschützenden Wirkung des Zinküberzugs. Bei der Williamsburgbrücke hatten die einzelnen blanken Drähte bereits im Walzwerk einen Anstrich von Leinöl und einen Deckanstrich mit einer aus Petroleumrückständen gefertigten Flüssigkeit erhalten, der 25 % pulverisierter Graphit beigemischt war. Mit der gleichen Masse wurden auf der Baustelle die einzelnen Litzen und schließlich das fertige Kabel gestrichen. Zwischen den Gußstahlschellen wurde das Kabel spiralförmig mit 3 Lagen von wasserdichtem, 15 cm breitem Segeltuchband umwickelt, welches vorher mit einer rostsicheren Masse (in der Hauptsache aus Öl und Graphit bestehend) getränkt war. Die einzelnen Lagen dieser Bandagen wurden durch Bügeln mit heißen Eisen fest aufeinander geklebt. Hierauf folgten zwei dauerhafte Anstriche mit Ölfarbe, und schließlich wurde auf das ganze Kabel ein Schutzrohr von 1,6 mm starkem Eisenblech mit gedichteten Längsfugen aufgezogen. Die Rohre greifen mit ihren Enden bis unter die Ränder der Gußstahlschellen.

Bei der Manhattanbrücke füllte man die Zwischenräume zwischen den verzinkten Drähten mit Petroleumrückständen aus und gab dem Kabel eine Drahtumwicklung, nachdem vorher die Oberfläche gereinigt und mit Mennige so dick bestrichen war, als sich dies mit Bürsten ermöglichen ließ. Spiralseile werden schon beim Flechten auf der Maschine mit dickflüssigem Mennigeöl vollständig gedichtet. Außerdem sind beim Kölner Wettbewerb noch folgende rostschützende Vorkehrungen vorgesehen worden.

Beim Hauptentwurf „Alaaf Colonia“ (Nr. 1 Tab. III) sollten

die Seile mit 3 mm starkem, verzinkten Flußeisendraht umwickelt werden.

Beim Entwurf „Freiheit“ (Nr. 2 Tab. III) sollen die Kabel mit einem zweiteiligen, 2 mm starkem, verzinktem Blechmantel umgeben werden.

Bei den Entwürfen 3, 4, 5 und 6 der Tabelle III werden die Zwischenräume zwischen den 7 Litzen eines Kabels durch mit Mennige getränktes Hanfwerk satt ausgefüllt.

4. Die Spiraldrahtkabel.

a) Herstellung und Einteilung.

Die Erfindung der Drahtseile ist nach Hrabàk[35]) aus den Bedürfnissen des Bergbaues entstanden und stammt von dem Clausthaler Oberbergrat Albert, der sie zuerst 1834 beim Oberharzer Bergbau einführte. Die Herstellung geschah ursprünglich von Hand, später durch Maschinen. Abbildungen derartiger Litzen- und Seilflechtmaschinen findet man in dem Werke von Hrabàk und in „Lueger, Lexikon der gesamten Technik“.[63]) Ihre Wirkungsweise ist kurz gesagt so, daß die Drähte (bezw. die Litzen) durch eine rotierende Abnehmerscheibe von den Spulen abgezogen werden. Dabei beschreiben die Spulen für die Umwicklungsdrähte, welche in einer gemeinsamen Scheibe gelagert sind, bei der Drehung dieser Scheibe eine kreisförmige Bewegung um den Kern, die Drähte werden also um letzteren herumgelegt oder geflochten. Das Verhältnis der Geschwindigkeit der Drehbewegung der Scheibe mit den Spulen zu der Geschwindigkeit, mit der das Seil aus dem Flechtkopf herausgezogen wird, ergibt die Größe des Flechtwinkels und läßt sich an der Maschine in bestimmten Abstufungen verändern. Die geflochtenen Drähte bilden Schraubenlinien, deren Steigungswinkel den Flechtwinkel zu 90^{0} ergänzt. Durch besondere Vorrichtungen werden bei den aus Runddrähten gebildeten Seilen die Spulen so geführt, daß sie wohl um die Maschinenachse kreisen, dabei aber immer einer Ebene parallel bleiben. Infolgedessen werden die Runddrähte nicht verdreht, sondern nur gebogen. Bei profilierten Drähten muß natürlich immer dieselbe

Achse des Drahtquerschnittes durch den Kern des Seiles gehen. Hier ist es also geboten, den Draht pro Windung einmal um sich selbst zu drehen. Daß die hieraus sich ergebenden Formänderungen keinen merklichen Einfluß auf die Zugfestigkeit des Seiles haben, ergibt sich aus den Zerreißversuchen. Man unterscheidet im allgemeinen in der Drahtseilfabrikation:

1. einmal geflochtene oder Drahtspiralseile,
2. zweimal geflochtene oder Litzenspiralseile, welche durch Verflechten von Drahtspiralseilen entstehen,
3. dreimal geflochtene Seile, durch Verflechten von Litzenspiralseilen entstehend.

Im Brückenbau kommt nur Gruppe 1 und 2 in Frage. Aber schon die 2. Gruppe (Litzenspiralseile) wird neuerdings aus weiter unten zu erörternden Gründen verlassen. Man ordnet lieber,

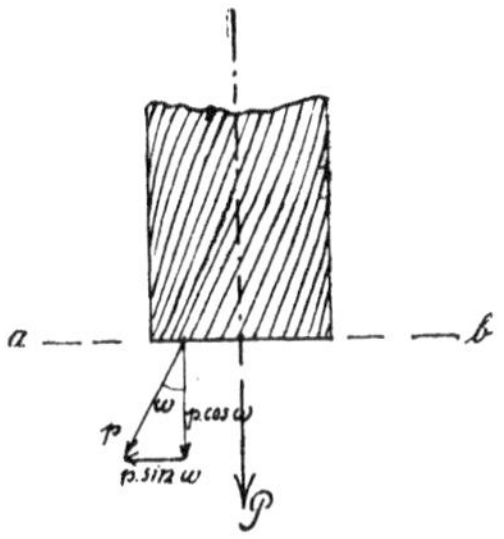

Abb. 4.

wenn der Zugquerschnitt für ein Spiralseil zu groß wird, deren mehrere parallel an, wie man dies auch bei den Entwürfen des letzten Kölner Wettbewerbs sieht. Das stärkste von der Firma Felten & Guilleaume heute herstellbare Kabel hat 104 mm Durchmesser, einen metallischen Querschnitt von 7356 mm², eine summarische Bruchfestigkeit von mindestens 1000 t und ein Metergewicht von zirka 64 kg.

Bei den ersten von Oberbergrat Albert eingführten Spiralseilen waren die Drähte in den einzelnen Lagen in gleicher Windungsrichtung geschlagen, und man nennt deshalb diese Flechtart in Deutschland „Albertschlag", in Frankreich heißen derartige Seile „câbles tordus simples". Für die Kabel des Brückenbaues kommt nur der Kreuzschlag in Betracht (Franz.: „câbles tordus alternatifs“ oder „câbles mixtes“), d. h. bei den Seilen dieser Art ist jede Lage in entgegengesetzter Richtung geflochten als die darunterliegende. Solche Kabel sind biegsamer, und vor allem ist das sogen. Aufdrehungsbestreben nicht so groß. Schon durch die in die Drähte hineingebrachten Anfangsspannungen versuchen sich die einzelnen Lagen aufzudrehen. Bei Kreuzschlag heben

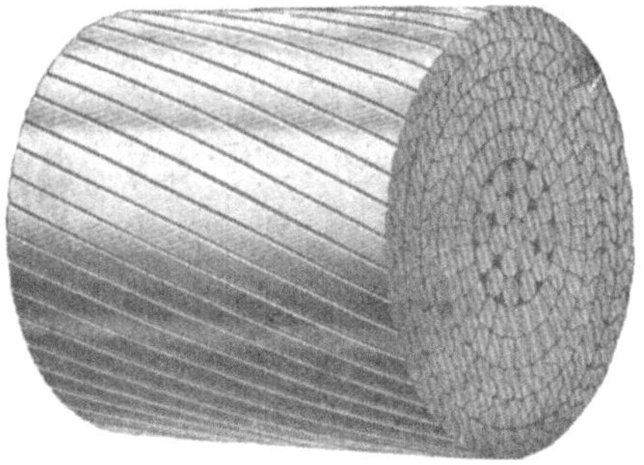

Abb. 5.
Verschlossenes Spiralseil deutscher Art.

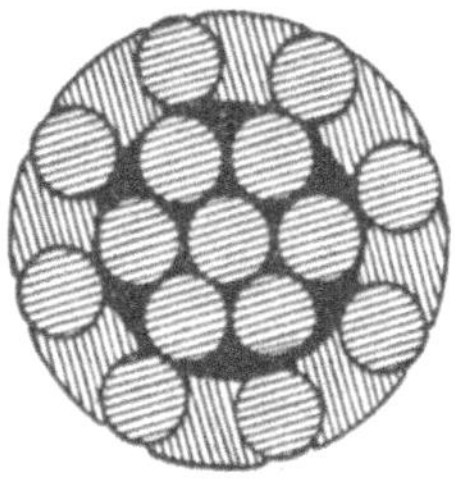

Abb. 6.
Verschlossenes Spiralseil französischer Art.

sich diese Wirkungen zum großen Teil auf. Ferner entsteht ein starkes Aufdrehungsbestreben infolge der Wirkung einer Achsenkraft. In Abb. 4 ist P der Gesamtzug im Schnitt a—b des Spiralseiles. Die Spannkraft eines Drahtelementes sei p, ω der zugehörige Flechtwinkel. Dann ist

$$\sum p \cdot \cos \omega = P .$$

Die wagerechten Komponenten der p ergeben ein Drehmoment

in bezug auf die Seilachse. Ist der Schwerpunktsabstand des Drahtelementes von der Seilachse r, so ist dieses Moment

$$M = \sum p \cdot \sin \omega \cdot r \, .$$

Die einzelnen Glieder dieser Summe haben beim Kreuzgeflecht verschiedene Vorzeichen und heben sich daher zum größten Teile auf. Während die Kabel der Langenargener Brücke (Abb. 7) noch aus Runddrähten bestehen, kommen neuerdings für den Brückenbau wohl nur noch sogen. „verschlossene Spiralseile“ in Betracht, welche in der Hauptsache aus profilierten Drähten bestehen und infolge des Übereinandergreifens der Deckdrähte eine glattgerundete und dichtschließende Oberfläche bilden. Auf diese Weise wird ein fast luftdichter Abschluß gegen außen erzielt und ein Anrosten innerer Drähte, die außerdem mit einem guten Mennigeanstrich versehen werden, ausgeschlossen.

Es gibt für verschlossene Seile zwei Ausführungsarten, eine deutsche und eine französische. Die Hauptvertreterin der ersten Art ist die mehrfach erwähnte Firma Felten & Guilleaume, die mit ihrem Carlswerk in Mülheim a. Rh. eine der bedeutendsten Firmen dieser Art in der Welt ist. Die Firma hat z. B. die Kabel geliefert für die Langenargener Brücke (Abb. 7), für die Verstärkung der Kaiser-Franz-Josephs-Brücke in Prag (Abb. 8), für die Schwebefähre in Kiel, ferner die Rückhaltekabel für die Aufstellung der Müngstener Brücke. Die Hauptvertreterinnen der französischen Drahtseilfabrikation sind die Firma Arnodin in Châteauneuf-sur-Loire, bekannt als Erbauerin der großen französischen Schwebefähren (s. S. 8) und die Firma Teste, Moret et Co. in Lyon, welche z. B. die 232 m weitgespannte Brücke von Vernaison über die Rhône (s. S. 10 Tab. II) erbaut hat. Die deutsche Herstellungsart verwendet für die Decklage (bezw. für die obersten Lagen) gleich und doppelwulstig ausgebildete Drähte (Abb. 5), die französische dagegen zur Hälfte Runddrähte und zur Hälfte Profildrähte (Abb. 6). Nach den gemachten Erfahrungen kann man die beiden besprochenen Ausbildungsarten verschlossener Seile als gleichwertig ansehen.

Abb. 7.
Runddrähtiges Litzenspiralseil. Langenargener Brücke.

Abb. 8.
Verschlossenes Litzenspiralseil. Kaiser-Franz-Josephs-Brücke

b) Spannungen, Dehnbarkeit und Festigkeit des Spiralseiles unter dem Einfluß einer Achsenspannkraft.

Über die Theorie des Spiralseiles im allgemeinen ist zunächst zu bemerken, daß sich ausführlichere, theoretische Betrachtungen erstmalig in dem Buch von Hrabák vorfinden, dem es vor allem darum zu tun war, die Biegungsspannungen im Spiralseil zu ermitteln, nachdem schon vorher C. Bach [51a]) für letztere eine aus der Erfahrung hergeleitete Gleichung eingeführt hatte. An das Erscheinen des Hrabàkschen Buches knüpften sich Auseinandersetzungen in der Zeitschrift des Österreichischen Ingenieur- und Architektenvereins, in der dann eine ausführliche Berechnung von Benndorf, jetzt Prof. in Graz, der im Spiralseil auftretenden Spannungen bei Zugbelastung des Seiles und die Herleitung des Seildehnungsmaßes aus dem des Drahtes unter bestimmten Voraussetzungen erfolgte.[44]) Einige Endergebnisse dieser Theorie hat Melan in das Handbuch aufgenommen.[47c]) Ein besonders großes Interesse an der Kenntnis der im Spiralseil auftretenden Spannungen, vor allem derjenigen bei der Biegung, hat die Fördertechnik des Bergbaues. Während im Brückenbau etwa eintretende bleibende Formänderungen der äußersten Fasern des über den Pfeilern gekrümmten Seiles den Bestand des Bauwerkes noch nicht ohne weiteres gefährden, ist das Überschreiten der Elastizitätsgrenze bei Förderseilen natürlich sehr gefährlich. Denn weil es sich hier um bewegliche und dynamischen Wirkungen ausgesetzte Einrichtungen handelt, bei denen ein ständig wechselndes Auf- und Abwickeln der Seile stattfindet, führen bleibende, bei der Biegung auftretende Formänderungen schnell zu einer Zerstörung des Seiles. Infolgedessen hat auch in bergbaulichen Fachkreisen in den letzten Jahren die wissenschaftliche Behandlung der Theorie der Drahtseile einen erheblichen Umfang angenommen; es seien hier besonders genannt die Arbeiten von Berg,[48]) Bock,[55]) Speer,[64]) Isaachsen.[49]) Nachstehend soll das für die Spiralseile des Brückenbaues theoretisch Wichtige zusammengestellt werden:

In seiner Dissertation stellt Berg [48]) die allgemeinen Gleichungen für die Normal-, Schub-, Biegungs- und Verdrehungsspannungen für Drähte in Spiralseilen auf und macht sich somit, wie er sagt, von den einschränkenden Voraussetzungen Benndorfs frei, welche in der Annahme des Drahtes als eines fadenförmigen und völlig biegsamen Körpers beruhten. Es bleibt aber die Frage offen, ob die Schub-, Biegungs- und Verdrehungsspannungen auf die Tragfähigkeit der Drähte in Seilen von erheblichem Einfluß sind. Nach den an Seilen vorgenommenen Zerreißversuchen (s. S. 34) scheint dieser Einfluß kein so bedeutender zu sein, und es ist demnach immer noch von besonderem Interesse zu wissen, wie groß die Längsspannkräfte in den Drähten von Spiralseilen sind. Da Benndorf diese Frage unter den obigen Annahmen erschöpfend behandelt hat, sei hier das Wesentliche aus seinen Entwicklungen angeführt:

Es ist:

p = Spannkraft eines beliebigen Drahtes		
b = Querschnitt eines beliebigen Drahtes		
σ = Spannung eines beliebigen Drahtes	σ_i = Spannung eines Umwicklungsdrahtes	σ_0 = Spannung eines Seeldrahtes
E = Dehnungsmaß eines beliebigen Drahtes	E_i = Dehnungsmaß eines Umwicklungsdrahtes	E_0 = Dehnungsmaß eines Seeldrahtes.
ω = Flechtwinkel eines beliebigen Drahtes	ω_i = Flechtwinkel eines Umwicklungsdrahtes	

Es sei vorausgesetzt, daß die Querschnitte bei Belastung des Seiles durch die Längstkraft P eben bleiben. Dann hat man, um das Gleichgewicht nach dem Durchschneiden wiederherzustellen, im Schwerpunkt jedes Drahtes eine Kraft p anzubringen, welche nach Größe und Richtung gleich der im Drahte herrschenden Spannkraft $q \cdot \sigma$ ist. Jede dieser Kräfte hat eine senkrechte Komponente $p' = p \cdot \cos\omega$ und eine solche in horizontaler Richtung $p'' = p \cdot \sin\omega$. Alle Kräfte p'' ergeben das bereits erwähnte Drehmoment, dem durch diejenigen äußeren Kräfte das Gleichgewicht zu halten ist, welche eine Aufdrehen des Seiles verhindern. Bezeichnet man mit $\Delta l_1, \Delta l_2, \Delta l_3 \ldots \Delta l_n$ die Längenänderungen der einzelnen (n) Drähte und mit ΔL die entsprechende des Seiles, so sind unbekannt die Längenänderungen Δl der einzelnen Drähte (oder die daraus nach dem Hookschen Gesetz zu berechnenden Spannungen) und die Längenänderung des Seiles ΔL.

Zur Bestimmung dieser $n+1$ Unbekannten hat man n Gleichungen, welche sich aus dem Ebenbleiben der Querschnitte bei der Dehnung des Seiles ergeben, und die fehlende Gleichung erhält man aus der Beziehung

$$\sum p \cdot \cos \omega = P \ . \tag{1}$$

Es wird ferner angenommen, daß die Mittellinien der Drähte, die in ungedehntem Zustande Schraubenlinien vom Steigungs-

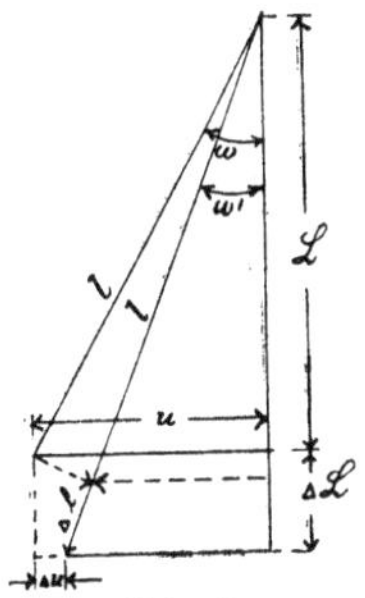

Abb. 9.

winkel $90^0 - \omega$ bilden, auch nach der Dehnung Schraubenlinien sind. Durch Querdehnung soll sich der zugehörige Teil u des Zylinderumfanges um Δu ändern. Dann ergibt sich (Abb. 9) unter Weglassung der Ableitung

$$\frac{\Delta l}{l} = \frac{\Delta L}{L} \cos^2 \omega - \frac{\Delta u}{u} \sin^2 \omega ; \tag{2}$$

Verändern durch elastische Querdehnung alle Drähte ihren Durchmesser d um Δd, so ist, falls man die Poissonsche Zahl zu $\frac{1}{3}$ nimmt,

$$\frac{\Delta u}{u} = \frac{\Delta d}{d} = \frac{1}{3} \frac{\Delta l}{l} . \tag{3}$$

Aus Gleichung (2) und (3) erhält man, wenn $\frac{\Delta l_0}{l_0} = \frac{\Delta L}{L}$ die Dehnung der Seile ist,

$$\frac{\Delta l}{l} = \frac{\Delta l_0}{l_0} \cdot \frac{\cos^2 \omega}{1 + \frac{\sin^2 \omega}{3}}$$

bezw.

$$\frac{\sigma}{E} = \frac{\sigma_0}{E_0} \cdot \frac{3 \cos^2 \omega}{3 + \sin^2 \omega}. \tag{4}$$

Ferner ist

$$P = \sum \sigma \cdot q \cdot \cos \omega. \tag{5}$$

Durch Verbindung von Gleichung (4) und und (5) ergibt sich die Spannung eines Seelendrahtes, wenn man $\sigma' = \frac{P}{\sum q}$ setzt,

$$\sigma_0 = \sigma' \frac{\sum q}{\sum q \cdot \frac{E}{E_0} \cdot \frac{3 \cos^3 \omega}{3 + \sin^2 \omega}} = \sigma' \cdot A_0 \tag{6}$$

und die Spannung eines Umwicklungsdrahtes durch Anwendung von Gleichung (4) und (6)

$$\sigma_i = \sigma' \frac{\sum q}{\sum q \cdot \frac{E}{E_0} \cdot \frac{3 \cos^3 \omega}{3 + \sin^2 \omega}} \cdot \frac{E_i}{E_0} \cdot \frac{3 \cos^2 \omega_i}{3 + \sin^2 \omega_i} = \sigma' \cdot A_i. \tag{7}$$

Die Gleichungen (6) und (7), die also ganz allgemein für ein Seil mit Drähten von verschiedenem Querschnitt, verschiedenem Flechtwinkel und beliebigem Dehnungsmaß gelten, werden bedeutend einfacher, wenn man ein Seil mit n Drähten annimmt, die alle gleichen Querschnitt q, gleiches Dehnungsmaß E und in den Umwicklungslagen gleichen Flechtwinkel ω haben. Es ergeben sich dann die von Melan angeführten Beziehungen:

Für den Seeldraht ist

$$\sigma_0 = \sigma' \frac{n}{1 + (n-1) \frac{3 \cos^3 \omega}{3 + \sin^2 \omega}} = A_0 \cdot \sigma' \tag{8}$$

und für einen Umwicklungsdraht

$$\sigma = \sigma_0 \frac{3 \cos^2 \omega}{3 + \sin^2 \omega} = A \cdot \sigma'; \tag{9}$$

Für ein siebendrähtiges Seil und für die gebräuchlichsten Flechtwinkel von 9°, 18°, 25° sind die folgenden Werte von A_0 und A berechnet.

Anzahl der Drähte	Flechtwinkel ω	A_0	A
7	9°	1,039	1,005
7	18°	1,166	1,023
7	25°	1,344	1,040

Diese Beziehungen gelten auch für ein Litzenspiralseil aus sieben gleichbeschaffenen Litzen, falls man sich jede Litze als Draht vorstellt, über dessen Querschnitt die Spannung σ oder σ_0 gleichmäßig verteilt gedacht ist. Daraus erkennt man, daß für ein solches Seil bei einem Flechtwinkel von 18° die mittlere Spannung der Decklitzen (σ) 2,3 % und diejenige der Kernlitze (σ_0) 16,6 % größer ist, als sich aus dem Quotienten $\frac{\text{Kraft}}{\text{Gesamtdrahtquerschnitt}}$ ergibt. Die im Geltungsbereich des Hookschen Gesetzes ermittelten Benndorfschen Beziehungen sind auf die Spannungsverteilung beim Bruch natürlich nicht anwendbar.

Rein geometrisch folgt aus Abb. 9

$$\Delta l = \frac{u - \Delta u}{\sin \omega'} - l$$

$$\Delta L = \frac{u - \Delta u}{\tan \omega'} - L$$

oder

$$\frac{\Delta l}{l} = \frac{u - \Delta u}{l \cdot \sin \omega'} - 1$$

$$\frac{\Delta L}{L} = \frac{u - \Delta u}{L \cdot \tan \omega'} - 1 .$$

Da nach Abb. 9 $l \cdot \sin \omega' > L \cdot \tan \omega'$, so muß auch im Augenblick des Bruches

$$\frac{\Delta l}{l} < \frac{\Delta L}{L} \text{ oder } \frac{\Delta l}{l} < \frac{\Delta l_0}{l_0}$$

sein. Sollen also bei einem Litzenspiralseil alle Litzen und alle Drähte beim Bruche gleichzeitig reißen, so muß nach obiger

Beziehung die Bruchdehnung der Kernlitze $\left(\frac{\Delta l_0}{l_0}\right)$ größer sein als diejenige der Decklitzen $\left(\frac{\Delta l}{l}\right)$. Entsprechend müßte sich in jeder Litze die Drahtseele zu den Umwicklungsdrähten verhalten. Bei einem wirtschaftlich konstruierten Spiralseil müßte also die Kernlitze größere Bruchdehnung, zugleich aber auch möglichst große Festigkeit besitzen. Die sich hieraus ergebenden Schwierigkeiten bedeuten ohne Zweifel einen Nachteil, und aus diesen und anderen, weiter unten zu berührenden Gründen verzichten neue Entwürfe auf die Anwendung von Kabeln mit umeinandergeflochtenen Litzen und wählen deren parallele Anordnung. Das bekannteste Beispiel für die Anwendung von Litzenspiralseilen ist die Langenargener Brücke. Hier findet sich entsprechend den soeben besprochenen Gesichtspunkten in der Kernlitze ein Drahtmaterial größerer Bruchdehnung, nämlich 4,5 % bei 90—100 kg/mm² Zerreißfestigkeit, hingegen besitzen in den äußeren Litzen die Drähte nur 4 % Bruchdehnung und 130 kg/mm² Zerreißfestigkeit. Es ist also hier die Drahtfestigkeit der mittleren Litze um 23 % geringer als diejenige der Decklitzen; bei den Kabeln für die Aufstellung der Müngstener Talbrücke betrug der Unterschied sogar 35 % (außen 155 kg/mm², innen 100 kg/mm²).

Es bleibt weiterhin die Frage nach dem Dehnungsmaß von Spiraldrahtseilen zu beantworten. Man hat diesen Begriff auch auf das Seil übertragen, trotzdem man ihn sonst in der Festigkeitslehre nur als einen solchen Wert aufzufassen gewöhnt ist, welcher das elastische Verhalten irgendeines Baustoffes bei Zug- oder Druckbeanspruchung kennzeichnet. Trägt man die Spannungen $\left(\sigma = \frac{P}{F}\right)$ als Abszissen und die zugehörigen Dehnungen der Längeneinheit $\left(\alpha = \frac{\Delta L}{L}\right)$ als Ordinaten eines rechtwinkligen Achsenkreuzes auf, so erhält man die Dehnungskurve des Spiralseiles (Abb. 10). Man kann sich dann das Dehnungsmaß als Quotienten von Spannungszunahme und Dehnungszunahme denken und es ergibt sich für den Punkt m der Dehnungskurve

$$E = \frac{d\sigma}{d\alpha} = \cot\gamma .$$

Für den Querschnitt F pflegt man die Gesamtsumme der Drahtquerschnitte (senkrecht zu den Drahtachsen) zu setzen.

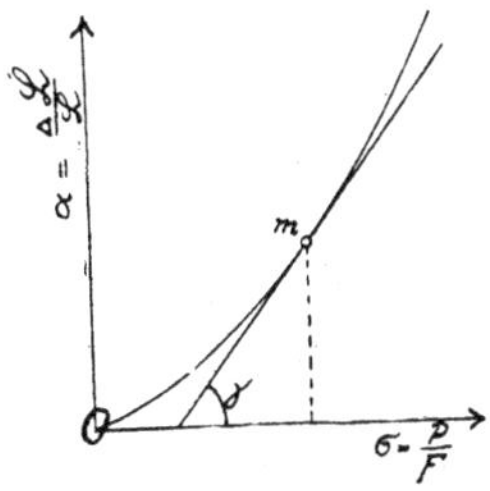

Abb. 10.

Die theoretische Bestimmung des Dehnungsmaßes hat Benndorf ebenfalls in seiner erwähnten Arbeit versucht. Er erhält ersteres, indem er das Dehnungsmaß des Drahtes mit einem von der Konstruktion des Seiles abhängigen Faktor multipliziert, also die Dehnungskurve geradlinig annimmt. Dies ist aber auch für größere Belastungen, wie die Abb. 11, 12 zeigen, durchaus nicht der Fall, und es erscheint daher nicht ratsam, das Dehnungsmaß nach den gegebenen Formeln theoretisch zu bestimmen. Zweifellos richtig ist, was Benndorf für den Vergleich eines einfachen Spiralseiles und eines Litzenseiles findet, nämlich daß das Dehnungsmaß des letzteren bedeutend niedriger ist. In dieser großen Dehn-

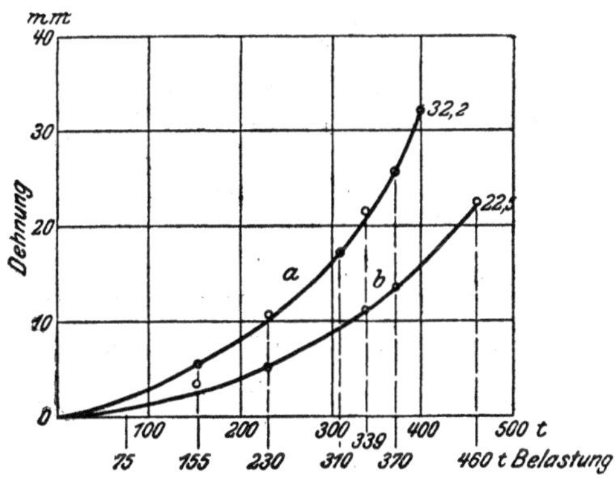

a Ablesung bei 4025 mm Seillänge
b » » 2640 » »

Abb. 11.
Drehungskurve für das Tragkabel von 86,6 mm Φ der Schwebefähre in Kiel.

barkeit liegt ein weiterer erheblicher Nachteil des aus Spiralseilen geflochtenen Kabels gegenüber dem mit parallelen Litzen, denn es vergrößern sich dadurch die Durchbiegungen und die Schwingungserscheinungen der Hängebrücke.

Die bei der Anfangsbelastung eines Spiralseiles sich zeigende große Dehnung beruht auf dem Aufdrehungsbestreben der einzelnen Umwicklungsschichten, welche im unbelasteten Seil keine vollständig dichte Lage annehmen. Bei zunehmender Belastung tritt

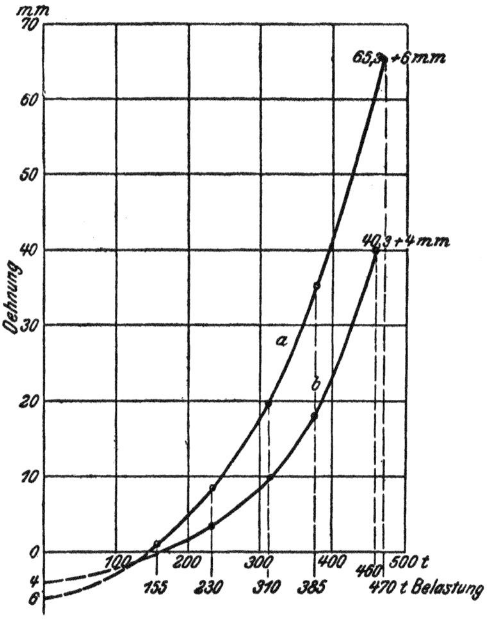

a Ablesung bei 4015 mm Seillänge
b » » 2500 » »

Abb. 12.

Drehungskurve für das Rückhaltekabel von 80,0 mm Φ der Schwebefähre in Kiel.

weiterhin eine gewisse Abplattung der Drähte an der Oberfläche ein, die bei Runddrähten naturgemäß stärker ist als bei den mit breiter Fläche aufliegenden Profildrähten. Infolgedessen sind verschlossene Seile weniger dehnbar als runddrähtige. Auch die Decklitzen der geflochtenen Litzenspiralseile zeigen das Bestreben, aus der kreisförmigen in die elliptische Querschnittsform überzugehen, ein Umstand, der zur Verminderung des Dehnungsmaßes solcher Seile mit beiträgt. Umfangreiche Versuche über das Dehnungsmaß von Drahtseilen hat Berginspektor Divis[40]) angestellt.

Es seien noch folgende Ergebnisse von Dehnungsversuchen an Brückenkabeln angeführt.

1. Die Versuche in der Kgl. mech.-techn. Versuchsanstalt zu Charlottenburg mit den siebenschenkligen Kabeln für die Verstärkung der Kaiser-Franz-Josephs-Brücke in Prag.[47d)] Hierbei ergab sich für den Belastungszuwachs von 240 t auf 300 t (28—35 kg/mm²) ein Dehnungsmaß von 14 390 kg/mm². Bei gleich normalen Belastungen kann man für einfache verschlossene Teile das Dehnungsmaß mit 18 000 kg/mm² annehmen.

2. Die Dehnungsversuche an den Kabeln der Schwebefähre in Kiel (Abb. 11, 12). Aus der Beschreibung des Bauwerkes in der Zeitschr. d. Ver. Deutsch. Ing.[58]) ist hervorzuheben, daß die Wahl verschlossener Seile deswegen getroffen wurde, weil diese Konstruktion keine wesentlichen Zwischenräume zwischen den einzelnen Drähten freiläßt, so daß die Gefahr des inneren Rostens ausgeschlossen erscheint. Ferner läßt der kompakte Querschnitt erwarten, daß die Kräfte durch die einzelnen Drähte gleichmäßig übertragen werden und die der statischen Berechnung zugrunde gelegte Annahme über das Dehnungsmaß am sichersten erreicht wird. Diese Annahme wurde durch Zerreißversuche mit ganzen Kabeln bestätigt, und außerdem wurden die schon erwähnten Vergleichsversuche zwischen Profildrähten und Runddrähten ausgeführt. Für die Kabel war Tiegelgußstahl von 120 kg/mm² Festigkeit und mindestens 2 % Dehnung auf 200 mm Meßlänge vorgeschrieben. Sie wurden einer sehr scharfen Prüfung unterworfen. Jeder einzelne Draht wurde auf seine Zerreißfestigkeit und Dehnung geprüft und ergab ein durchaus gleichmäßiges und den gestellten Bedingungen entsprechendes Material.

Die Zugfestigkeit von Spiralseilen ist theoretisch genau kaum zu bestimmen, man ist vielmehr auf Versuchsergebnisse angewiesen. Es läßt sich nur so viel sagen, daß sie jedenfalls geringer sein muß als die Summe der Bruchfestigkeiten der einzelnen Drähte. Allerdings wird sich unmittelbar vor dem Seilbruch der Steigungswinkel der Schraubenlinien, nach denen die Drähte verlaufen, mehr und mehr vergrößern, wodurch sich auch das Tragvermögen der letzteren erhöht.

C. Bach bemerkt hierzu,[51b]) daß der Unterschied zwischen der Bruchbelastung des ganzen Seiles und der Summe der Bruchbelastungen der einzelnen Drähte bei zweckmäßiger Seilkonstruktion und nicht zu hartem Material unbedeutend ist. Soweit die dem genannten Verfasser bekannten Zahlen reichen, pflegt der Unterschied 10 % nicht zu übersteigen, meist darunter zu bleiben.

Es sei hier eine von der Firma Felten & Guilleaume freundlichst mitgeteilte Anleitung wiedergegeben, wonach Durchmesser, Bruchfestigkeit und Gewicht verschlossener Kabel mit hinreichender Genauigkeit bestimmt werden können:

„Der Inhalt des Vollkreises dieser Kabel ist rund 14 % größer als der tragende metallische Querschnitt.

Das Kilometergewicht ist etwa: Metallischer Querschnitt in $mm^2 \cdot 8{,}50 + 2$—3 % Zuschlag für Mennige.

Die Bruchfestigkeit kann mit 130 kg/mm² metallischer Querschnitt angenommen werden.

Beispiel: Verlangt wird ein Kabel mit 520 t rechnerischer Bruchfestigkeit. Sein metallischer Querschnitt muß daher betragen $\frac{520000}{130} = 4000$ mm², sein Durchmesser entsprechend einer Kreisfläche von

$$4000 + 14\,\% = 4560 \text{ mm}^2 \text{ wird rund } 76 \text{ mm.}$$

Das Kilometergewicht ist ca.:

4000 · 8,5 = 34000 kg + 2,5 % Zuschlag für Anstrich und Mennige = 850 kg, das gibt 34850 kg oder rund 34,90 kg/m.

Die praktische Ausführung dieses Kabels liefert folgende Zahlen: Durchmesser 76 mm, tragender Querschnitt 3946 mm², Bruchfestigkeit 530000 kg, Metergewicht ca. 34,7 kg gemennigt. Die annähernd ermittelten Daten sind also hinreichend genau.

Das Dehnungsmaß kann mit mindestens 18000 kg/mm² angenommen werden.“

Die genannte Firma bemerkt dann weiter, daß da, wo ihr stärkstes Kabel nicht ausreicht, deren mehrere parallel angeordnet werden, und daß Tragseile in Litzenkonstruktion erst in zweiter

Linie in Betracht kommen, da sich ihre Verwendung ungünstiger stellt.

Von einer Proportionalitätsgrenze von Drahtseilen kann man nach dem Gesagten kaum reden. Bezüglich der Elastizitätsgrenze hat Berg nach Versuchen im Carlswerk[43c]) gefunden, daß sie bei runddrähtigen Seilen etwa 50 %, bei verschlossenen etwa 60 % der Bruchfestigkeit beträgt. Für die Bruchdehnung ergaben dieselben Versuche 1,7 % bei verschlossenen und 2 % bei runddrähtigen Seilen, wobei die Versuchslänge 1351 mm betrug.

c) Die Spannungen im gebogenen Spiralseil.

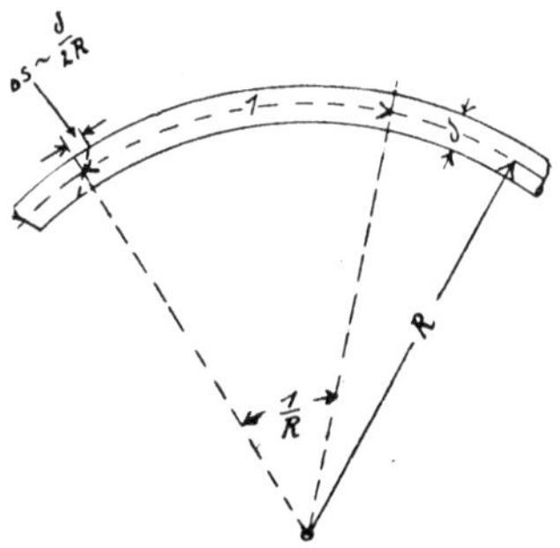

Abb. 13.

Die Dehnung Δs der äußersten Faser eines Drahtes von der Stärke δ, dessen Achse nach einem Radius R gekrümmt wird, beträgt für die Längeneinheit nach Abb. 13 angenähert

$$\Delta s = \frac{\delta}{2R},$$

und daraus ergibt sich bei einem Dehnungsmaß E des Drahtmateriales die Spannung

$$\sigma = E \cdot \frac{\delta}{2R}. \quad (1)$$

Diese Beziehung ist erstmalig von Reuleaux[14]) aufgestellt worden. Für Drahtseile hat C. Bach[51a]) einen auf der Erfahrung beruhenden und für mittlere Verhältnisse geltenden Koeffizienten eingeführt, den er zu $^3/_8$ annimmt. Danach würde die Biegungsspannung im Spiralseil aus der Beziehung

$$\sigma_b = \frac{3}{8} E \frac{\delta}{2R} \quad (2)$$

zu ermitteln sein. Will man versuchen, die Spannungen im Spiralseil bei der Biegung theoretisch richtig zu ermitteln, so ist vor allem die Frage zu beantworten, worin eigentlich die große Biegsamkeit von Spiralseilen beruht. Die übliche Erklärung[47c]) bezeichnet als Grund den, daß sich ein Teil der Schraubenlinien ein und desselben Drahtes beim Biegen des Seiles auf der konkaven, also verkürzten Seite, der andere ebenso große Teil auf der konvexen, also verlängerten Seite befindet, so daß ein Ausgleich zwischen den aufeinanderfolgenden Verlängerungen und Verkürzungen möglich ist.

Nach den Veröffentlichungen von Bock[55]) und Speer[64]) wird die Schraubenlinie eines Drahtes bei der Krümmung ihrer Achse bestrebt sein, sich der veränderten Gestalt dadurch anzupassen,

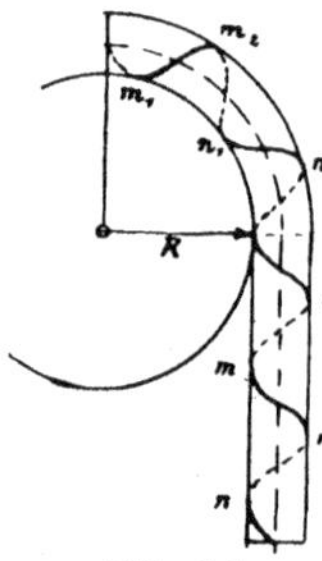

Abb. 14.

daß sich in jedem ihrer Punkte die Krümmung ändert. Man kann demgemäß auch sagen:

„Die Ursache der großen Biegsamkeit von Spiralseilen besteht darin, daß bei der Biegung des Seiles die schraubenförmig gewundenen Drähte lediglich eine Krümmungsänderung, aber keine Längenänderung erleiden“.

Nach Abb. 14 bestehen die Veränderungen, welche die Schraubenlinie eines Umwickelungsdrahtes bei der Biegung des Seiles um eine Scheibe vom Radius R erleidet, darin, daß die Ganghöhen m n in der graden Strecke innerhalb der Krümmung innen verkürzt, gleich $m_1 n_1$, und außen verlängert, gleich $m_2 n_2$ werden. Die Verkürzung der inneren Strecken hat ein Aneinanderpressen der Drähte zur Folge, und die Biegung des Seiles wird dadurch ermöglicht, daß die Windungen entsprechend der Größe der Krümmung außen voneinander abrücken. Diesem Bestreben stellt sich, abgesehen von den Reibungswiderständen, welche die Drähte an ihrer Oberfläche erleiden, die Seele des Seiles entgegen. Sie muß sich, sobald die Pressung an der Innenseite ein gewisses Maß erreicht hat, verlängern, was um so leichter möglich ist, je größer ihre Dehnbarkeit ist. Daraus folgt, daß Seile mit einer sehr dehnbaren Seele, also mit Hanfeinlage, biegsamer sein müssen als solche mit einem Draht als Kern. Infolgedessen kommen auch da, wo besonders große Biegsamkeit erforderlich ist, also bei allen maschinellen Anlagen in der Hauptsache Drahtseile mit Hanfeinlage zur Anwendung.

Sieht man von den Spannungen ab, welche in den Drähten schon im unbelasteten Seile infolge des Flechtens entstehen, so ist man berechtigt, die bei der Krümmung des Seiles auftretenden Biegungsspannungen aus der Krümmungsänderung, welche die Drähte hierbei erleiden, zu ermitteln. Eine um einen Zylinder vom Radius r mit dem Steigungswinkel γ verlaufende Schraubenlinie besitzt die Krümmungsradien

$$\varrho_1 = \frac{r}{\cos^2\gamma} \qquad \left(\frac{1}{\varrho_1} = \text{erste Krümmung}\right)$$

$$\varrho_2 = \frac{r}{\sin\gamma\cos\gamma} \qquad \left(\frac{1}{\varrho_2} = \text{zweite Krümmung}\right).$$

Der Radius der ersten Krümmung ϱ_1 ist bedeutend kleiner als ϱ_2. Deshalb betrachtet Bock in seiner schon erwähnten Arbeit auch nur ersteren und ermittelt die Krümmungsänderung eines Drahtes, nachdem er bewiesen hat, daß für die Berechnung nur die vom Scheibenmittelpunkt aus gesehenen außen oder innen liegenden Teile einer Drahtwindung in Betracht kommen wie folgt:

S — S ist eine zur Achse parallele Faser des geraden Seiles, ds ein gedachtes, gekrümmtes Drahtelement, welches mit S — S und der Seilachse in einer Ebene liegt (Abb. 15). Bei der Krümmung des Seiles in dieser Ebene nehmen S — S und ds die in Abb. 16 dargestellte Lage an, wobei der Unterschied in der Krümmung von S — S und ds erhalten bleibt. Das ergibt die Beziehung:

$$\frac{1}{r_1} - \frac{1}{\infty} = \frac{1}{r_2} - \frac{1}{R}. \tag{3}$$

Hierbei ist R' der um die Entfernung des Drahtstückes vom Scheibenumfang vergrößerte Scheibenradius R. Nun ist in Wirklichkeit das Drahtstück d s gegen die Seilachse bezw. gegen S — S um den Winkel γ geneigt. Um dies zu berücksichtigen, kann man sich d s als Teilstück einer Schraubenlinie vorstellen, welche auf einem Zylindermantel unter dem Steigungswinkel γ verläuft. Dieser Zylinder steht auf der Bildebene senkrecht

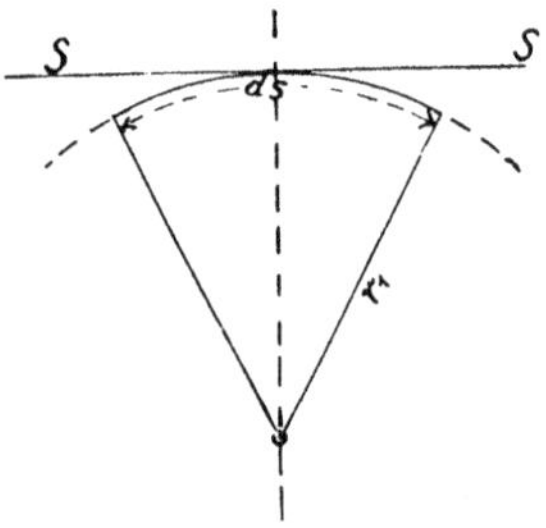

Abb. 15.

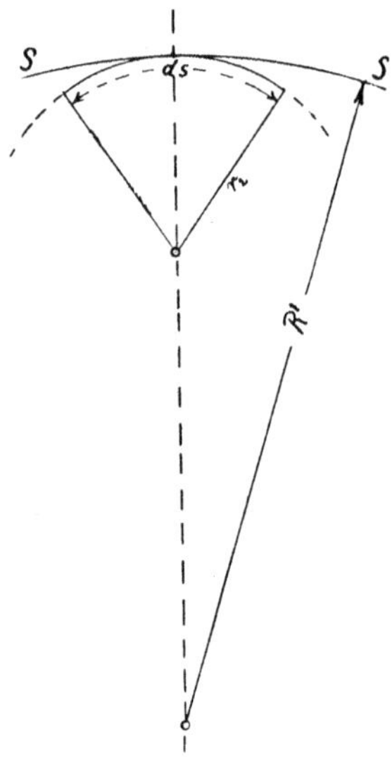

Abb. 16.

und verändert bei der Seilbiegung seinen Radius von r_1 auf r_2, wobei die bezeichnete Schraubenlinie ihre Krümmung von $\frac{1}{\varrho_1}$ auf $\frac{1}{\varrho_1}$ verändert. Es ist

$$\varrho_1 = \frac{r_1}{\cos^2\gamma} \quad \text{und} \quad \varrho_1' = \frac{r_2}{\cos^2\gamma}.$$

Dies in Gleichung (3) eingesetzt ergibt

$$\frac{1}{\varrho_1' \cos^2\gamma} - \frac{1}{\varrho_1 \cos^2\gamma} = \frac{1}{R'}.$$

Daraus folgt die Krümmungsänderung

$$\Delta\left(\frac{1}{\varrho}\right) = \frac{\cos^2\gamma}{R'}.$$

Demgemäß würde die Biegungsspannung im Drahte gemäß Gleichung (1)

$$\sigma_b = \frac{E \cdot \delta}{2} \cdot \Delta\left(\frac{1}{\varrho}\right) = \frac{E\,\delta}{2} \cdot \frac{\cos^2\gamma}{R'} \qquad (4)$$

sein. Nach dieser Ableitung unterscheidet sich bei den im Brückenbau gebräuchlichen Spiralseilen die Biegungsspannung eines Drahtes bei der Krümmung des Spiralseiles nur wenig von derjenigen bei der Biegung des Drahtes für sich um den Halbmesser R'. σ_b wird am größten für $R' = R$. Für einen mittleren Flechtwinkel von 18^0 ist $\cos^2\gamma =$ rd 0,9. Vernachlässigt man diesen Faktor, rechnet also in Anbetracht der nicht berücksichtigten, von der Herstellung herrührenden Spannungen etwas zu ungünstig, so lautet Gleichung (4)

$$\sigma_b = \frac{E \cdot \delta}{2R}.$$

Hierin ist

σ_b die größte Biegungsspannung eines Spiralkabels, infolgedessen Krümmung über dem Kabelsattel,
R der Krümmungshalbmesser des Kabelsattels,
E das Dehnungsmaß des Drahtes,
δ die Dicke des Drahtes.

5. Die Paralleldrahtkabel.

Die älteste Art der Kabelbildung bestand in der Anordnung paralleler Drähte und war bis zur Einführung der Spiralseile etwa um das Jahr 1880 die einzig gebräuchliche. (Eine Ausnahme bilden die aus Spiralseilen bestehenden Kabel der 1863 vollendeten Lambethbrücke in London.) Die parallele Anordnung der Drähte steht in ursächlichem Zusammenhange mit der Befestigungsweise der Seile an den Enden. Diese geschah meist so, daß sich Schleifen um die das Seil haltenden Spulen, Sättel, Schuhe oder dergl. legten. Die Ausbildung der Schleifen erfolgte auf die Weise, daß man das Kabel zunächst als Seil ohne Ende herstellte, indem man den Draht zwischen Spulen — diese umfassend — hin- und herlaufen ließ, welche in einer, der Länge des Seiles entsprechenden Entfernung aufgestellt waren. Auf diese Art entstand gewissermaßen ein langgezogener, aus vielen Drahtwickelungen gebildeter Ring, den man dann noch so weit zusammenlegen konnte, daß er auf den größten Teil seiner Länge hin äußerlich ein Kabel darstellte und nur an seinen Enden in Schleifen auslief. Berg beschreibt in seinem Buche über Hängebrücken aus Eisendraht[3]) das Verfahren, welches Dufour bei der Herstellung der ältesten europäischen Drahtkabelbrücke von St. Antoine in Genf (s. S. 2) angewendet hat. Folgendes ist hieraus bemerkenswert:

„In einem Schuppen waren in 36 m Entfernung zwei hölzerne Gerüstböcke aufgestellt, welche je ein zylindrisches

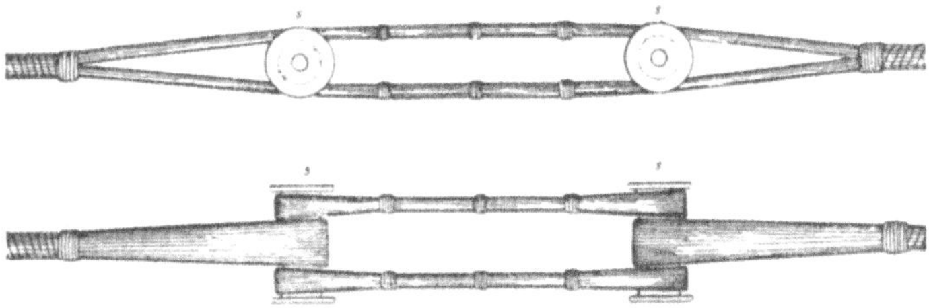

Abb. 17.
Seilverbindungen nach Dufour bei der 1823 vollendeten Genfer Brücke.

Rundeisen trugen, um die man die Drähte legte. Gewichte von 210 Pfund, welche vermittels einer Kette an Zangen wirkten, gestatteten es, jede neu gelegte Drahtlänge zu ergreifen und straffzuspannen. Da nur immer eine Zange gelockert wurde, blieb die Spannung in den Windungen bis zur Vollendung des Seiles erhalten. Dieses wurde dann noch mit einer schraubenförmigen Umwicklung von Eisendraht versehen“.

Seilverbindungen nach Dufour sind in Abb. 17 dargestellt. Berg erblickt einen großen Mangel der beschriebenen Herstellungsart darin, daß Fehler in der Länge des Seiles schwer auszugleichen sind. Infolgedessen schlägt er vor, lieber Seilschlösser zu verwenden. Man könnte dann das Seil auf jede gewünschte Länge zurecht schneiden. Solche Seilschlösser sind auch schon von Dufour angegeben und verwendet worden[52a]) (Abb. 1, 18). Die eigentliche Einführung des Brückendrahtkabels geschah durch Seguin (s. S. 2), der die erste französische Drahtbrücke zwischen Tournon und Tain 1824—1825 über die Rhône erbaute.

Der Oberingenieur Vicat schildert in seinem Bericht vom Jahre 1831[4]) über die bis dahin erbauten 8 Rhônebrücken (s. S. 2) die bei ihrem Bau angewandte Art der Kabelherstellung und knüpft hieran Erörterungen und Verbesserungsvorschläge. Was aus seinem Bericht geschichtlich besonders interessant ist, sei nachfolgend mitgeteilt:

„Die Kabelherstellung geschah bei den Rhônebrücken so, daß man den Draht von den ursprünglichen Bündeln (paquet) ab und auf eine mit Randleisten versehene Trommel (tambour

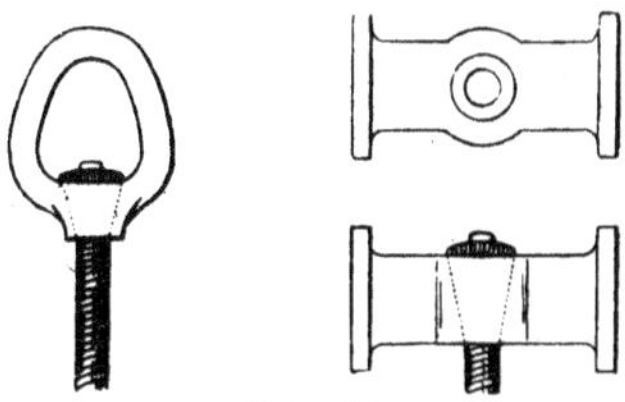

Abb. 18.
Seilschlösser nach Dufour. 1823.

à rebords) wieder aufrollte, die 30—40 kg Draht faßte. Es waren nun 2 Gerüste in solchem Abstand aufgestellt, wie er durch die Länge des Kabels bestimmt ist, und Unterstützungen auf den Zwischenraum verteilt. Die Trommel war auf einem Schubkarren befestigt und wurde von einem Arbeiter zwischen den Gerüsten hin- und hergefahren, wobei sich der Draht abwickelte und über die Rinne des am Gerüst befestigten Schuhes gelegt wurde. Dies geschah durch einen zweiten Arbeiter, der den Draht ergriff und mit Hilfe eines hölzernen Backens mit der Hand anspannte. Die ganze Arbeit ging unter freiem Himmel vor sich“.

Vicat bemerkt nun, daß bei einer solchen Herstellungsweise die Drähte niemals gleiche Anspannung erhalten könnten, denn erstens verlängerten oder verkürzten Temperaturunterschiede beständig die Fäden, ferner seien durch die Anspannung von Hand, durch die Elastizität und die Bewegungen der Unterstützungspfähle Unterschiede bedingt. Er bespricht dann weiter die schädlichen Folgen der Herstellungsweise der Kabel in gerader Linie: Verhindert nämlich die Bewicklung eines solchen Seiles das gegenseitige Gleiten der ursprünglich gleichlangen Fäden (brins) bei der Biegung, so entstehen genau wie beim gebogenen Eisenstab an der Innenseite der Krümmung negative Spannungen. Infolgedessen treten hier bei unzulänglicher Bewicklung die Fäden aus den Bündeln heraus und laufen auseinander, ein Fall, der mit einer Ausnahme bei den Verankerungskabeln sämtlicher Rhônebrücken eingetreten sei. Bei der gebräuchlichen Methode verkenne man einen der bemerkenswertesten Vorteile des Eisendrahtes, indem man sich (durch die Herstellung auf dem Gerüst) freiwillig Grenzen bezüglich der Länge und der Dicke der Kabel auferlege. Außerdem sei bei wachsender Spannweite ein gewaltiger Aufwand an Brückenfähren, Winden, Krahnbalken usw. erforderlich. Vicat schlägt infolgedessen folgende neue Herstellungsweise vor:

„Es wird eine Reihe doppelter Drähte vorbereitet, die eine Windung*) bilden, alle gleiche Länge haben und auf Spulen gewickelt sind. Nachdem nun die Pfeiler der Hängebrücke vollendet und die Befestigungspunkte für die Verankerungsseile vorgerichtet sind, bringt man diese Drähte von einem Pfeiler zum anderen mit Hilfe eines leichten Seiles ohne Ende, welches an Stelle einer Fähre ausgespannt und nach Art einer Paternosterkette bewegt wird (on passera ces fils d'un pilier à l'autre à l'aide d'une légère corde sans fin tendue en guise de traille et mûe à la manière d'un chapelet). Um die Drähte alle in genau

*) circuit, wahrscheinlich so zu verstehen, daß der Draht eine zusammengelegte Schlinge ohne Ende bildet, d. h. also doppelt ist und an den Enden Schleifen zum Aufhängen besitzt. Das geht auch aus der Herstellungsweise der Bündel hervor: „Eine Anzahl unabhängiger Windungen soll an den Befestigungspunkten in kreisförmigen Rinnen (gorges circulaires) angebracht werden. Diese Windungen (révolutions ou circuits) können sich aus einem Faden oder mehreren zusammensetzen“.

gleicher Länge zu erhalten, soll ein Meßfaden (fil étalon unter einer Belastung von 40—50 kg in Form einer Kettenlinie ausgespannt werden, der an seinem Ende vollständig befestigt ist. Die zu vergleichenden Fäden, in denen in jedem Augenblick dieselbe Temperatur herrscht wie im Meßfaden, erhalten auch dessen Länge, wenn man ihnen den Pfeil des Meßfadens gibt".

Vicat gibt also hiermit einige wesentliche Grundzüge des Luftspinnverfahrens an, nämlich die Längenbestimmung der Einzeldrähte mit Hilfe eines hängebogenförmig ausgehängten Meßdrahtes, Herstellung des Kabels an der Baustelle durch Einzelaufhängung der Drähte zwischen den fertigen Pfeilern und den Gebrauch des Seils ohne Ende für die Überführung der Drähte.

In der allgemeinen Bauzeitung, Jahrg. 1836, wird die Herstellung der Kabel für die ältere Freiburger Brücke beschrieben (s. S. 4). Diese geschah nach der altfranzösischen Bauweise in gerader Linie, wagerecht, zwischen festen Gestellen.

„Die Werkstatt, in welcher die Herstellung der 374,24 m langen Seile erfolgte, war nur für die halbe Länge eingerichtet. Infolgedessen ließ man das Seil von dem einen Ende des Raums ausgehend nach dem anderen Ende laufen und führte es von da über ein halbrundes Sattelstück nach der Endbefestigung zurück, die sich an derselben Seite des Raumes neben dem Seilanfang befand. Hier waren die Sättel angebracht, welche die Drahtschlingen aufnahmen. Nachdem die Drähte mit Firnis getränkt und getrocknet waren, wurden sie auf Trommeln gewunden. War an das Ende eines Drahtes ein neuer anzuschließen, so ließ man die Enden 10 cm parallel übereingreifen und umwickelte sie mit einer Drahtspirale von ausgeglühtem Eisendraht. Das Ausspannen des Drahtes geschah so, daß ein Wagen mit der Trommel längs der Drahtbahn verschoben wurde. Jedes Mal, wenn der Draht über einen Unterstützungspunkt gelegt war, gab man ihm eine Anspannung vermittels einer Zange, die mit Hilfe eines über eine Rolle laufenden Strickes an ein Gewicht von 100 kg angeschlossen war (also ähnlich wie bei der Genfer

Brücke S. 40). Nachdem die Seile noch mit provisorischen, in Abständen von 1 m angebrachten Bändern versehen und mit Öl getränkt waren, konnten sie als fertig weggenommen werden. Fünf Arbeiter, von denen einer die Spannung zu regulieren hatte, fabrizierten 5 Stränge in der Woche."

Die Kabelherstellung durch Ausspannung der einzelnen Drähte an der Baustelle, welche Vicat empfahl, wurde bei der Vilainebrücke (S. 3) von Leblanc angewendet.[52b]) Nach dem gleichen Verfahren sind die Kabel der St. Christoph-Brücke über den Scorff (v. J. 1847), deren Spannweite 183,6 m betrug, hergestellt.

Abb. 19.
Amerikanisches Paralleldrahtkabel während der Bewicklung. Dmr. 530 mm. Darunter der Arbeitshängesteg. (Manhattanbrücke in New York.)

Wenn also auch einige Grundzüge des „Luftspinnverfahrens" bereits in Frankreich bekannt und angewendet worden waren, so hat doch erst der Deutsche J. A. Röbling — etwa um die Mitte des vorigen Jahrhunderts — es in genialer Weise mit mancherlei Neuerungen in Amerika so ausgestaltet, daß es seine hervorragend praktische Bedeutung gewinnen konnte. Röbling ist also mit Recht als Erfinder der amerikanischen Herstellungsweise von Paralleldrahtkabeln (Abb. 19) zu bezeichnen, die ihm auch seinerzeit patentiert worden ist.

Charakteristische Merkmale dieses Verfahrens sind:

1. Die Bildung des Kabels aus einzelnen Litzen (strands), von denen jede einen Drahtzug ohne Ende bildet. Die auf solche Weise gebildeten Schleifen an den Enden ermöglichen einen bequemen Anschluß an die Verankerungskettenstäbe.

2. Das Aushängen der einzelnen Drahtschlingen zwischen den fertigen Verankerungen und Türmen und ihre Regelung mit Hilfe eines Leitdrahtes (guidewire).

3. Die Herstellung der Litzen in einer höheren Lage, als sie das fertige Kabel einnimmt, wodurch an mehreren Litzen desselben Kabels gleichzeitig bequem gearbeitet werden kann.

4. Die Überführung der Drähte durch Aufhängung an einem umlaufenden Drahtseil ohne Ende, also einer Drahtseilbahn, bei der das Tragseil zugleich das Zugseil ist.

5. Die Stützung dieser Drahtseilbahn und die Herstellung von Arbeitsstegen durch eine Hilfshängebrücke parallel zu dem Hauptkabel, bei welcher die Bahn unmittelbar von den Hängeseilen getragen wird.

Eine ausführliche Beschreibung der Kabelherstellung, wie sie sich bis zum Bau der ersten Eastriverbrücke entwickelt hatte, gibt der amerikanische Ingenieur W. Hildenbrand in einem Buche[18]) vom Jahre 1877 unter spezieller Berücksichtigung der Kabelausführung bei der ersten Eastriverbrücke, die er — ebenso wie später die Kabelherstellung der Williamsburgbrücke — geleitet hat. An den beiden letzterbauten Eastriverbrücken[36]) [53]) [59]) lassen sich die neuesten Fortschritte amerikanischer Kabelherstellung verfolgen. Das Verfahren ist im wesentlichen das Folgende:

Nachdem die Leitdrähte ausgehängt sind, nach denen die ersten Drähte jeder Litze geregelt werden, kann das Legen der Litzendrähte erfolgen. Der Draht wird auf Trommeln (Durchmesser etwa 2,10 m oder mehr) gewickelt angeliefert. Jede Trommel enthält 3,6—4,0 t Draht, der in Längen von etwa 900—1200 m hergestellt und an den Enden durch Schraubenmuffen verbunden wird. Die Festigkeit an der Verbindungsstelle beträgt rund 95 % der vollen Drahtfestigkeit. An beiden Verankerungen werden in hölzernen Gerüsten eine Anzahl Trommeln (gewöhnlich 4) in jeder Kabelebene aufgestellt. Nachdem man das Drahtende einer Trommel an geeigneter Stelle an der Verankerung befestigt hat, legt man, von dem Befestigungspunkte ausgehend, den Draht zunächst um den Litzenschuh, sodann in einer weiteren offenen Schleife um das Trag- oder Spinnrad (Durchmesser etwa 0,9 m), über welches hinweg er zur Trommel läuft. Jedes Legeseil (Drahtseil ohne Ende) trägt 2 solcher Trägräder an entgegengesetzten Punkten, so daß sie gleichzeitig bei ihrer Bewegung an den gegenüberliegenden Verankerungen ankommen. Wird das Legeseil in Bewegung gesetzt, so zieht das Spinnrad seine Drahtschleife nach sich, wobei ein Draht als „stehender Draht“ verlegt wird, während der andere mit der doppelten Geschwindigkeit des Spinnrades von der Trommel abgezogen wird. Die Regelung jeder Drahtschleife erfolgt so, daß man zuerst den stehenden Draht von dem Ausgangspunkt aus in den einzelnen Öffnungen bis zur gegenüberliegenden Verankerung nach dem Leitdraht regelt, um dann diese Arbeit an dem anderen Drahtstück in umgekehrter Richtung bis zur ersten Verankerung zu wiederholen. Das Drahtende einer Litze wird mit dem Drahtanfang durch dieselbe Schraubenmuffenverbindung verspleißt wie die übrigen Drahtstöße. Der Litzenschuh befindet sich beim Spinnen in horizontaler, gegenüber den endgültigen etwas verschobenen Lage, indem er vorübergehend an den Endstab der Verankerungskette mit Hilfe eines Gußschenkels angeschlossen wird. Dieser hielt bei der Br.-Br.*) und der Wi.-Br. den Litzenschuh hinter der endgültigen Lage fest, hingegen befand sich der letztere bei der Ma.-Br. in einer nach dem Fluß zu vorgeschobenen Stellung. Bei der Br.-Br. waren 2 Drahtseilbahnen mit je 2 Spinnrädern vorhanden, so daß sich über jedem Kabel ein Legeseil bewegte. Da man aber die Drahttrommeln nur auf der Brooklynverankerung aufgestellt hatte, so konnten die Drahtschleifen immer nur von hier ausgespannt werden. Nach einer Flußüberschreitung wurden die Legeseile in umgekehrter Richtung angetrieben und die rückwärts laufenden

---

*) Im folgenden soll bedeuten: Br.-Br. = Brooklynbrücke,
Wi.-Br. = Williamsburgbrücke,
Ma.-Br. = Manhattanbrücke.

Spinnräder blieben leer. Infolgedessen konnte man immer nur 2 Kabel bedienen und gleichzeitig 4 Drähte ausspannen. Einen wesentlichen Fortschritt machte man bei der Wi.-Br. Hier waren auch nur 2 Drahtseilbahnen für die 4 Kabel mit je 2 Spinnrädern eingerichtet worden, jedoch stellte man die Drahttrommeln an beiden Verankerungen auf. Infolgedessen konnten gleichzeitig alle 4 Spinnräder Drahtschleifen, je 2 in gleicher Richtung, überführen und so jedesmal 8 Drähte ausspannen. Noch weiter ging man bei der Ma.-Br., wo 4 Legeseile ohne Ende vorhanden waren, so daß jedes der 4 Kabel durch eine Drahtseilbahn bedient wurde. Die 8 Spinnräder bewegten hier also gleichzeitig 16 Drähte über den Fluß, und hierdurch erhielten 8 Litzen gleichzeitig eine Vermehrung ihrer Drahtzahl. War dies geschehen, so spannte man die 16 Drähte für 8 den ersteren benachbarte Litzen aus und hatte so Zeit, die vorher gelegten Drähte zu regeln, ohne den Spinnvorgang zu unterbrechen. Jedes Spinnrad legte den Weg von Verankerung zu Verankerung in etwa 7 Minuten zurück (14 Minuten bei der Br.-Br.). Günstigstenfalls legte man insgesamt für alle 4 Kabel täglich ungefähr

bei der Br.-Br. 120 Drähte
„ „ Wi.-Br. 400 „
„ „ Ma.-Br. 800 „

Dementsprechend brauchte man bei der Ma.-Br. 4 Monate für die Kabelherstellung, welche bei der alten Eastriverbrücke mehr als die fünffache Zeit erfordete.

Ein Spinnrad bedient nach obigem bei einer bestimmten Bewegungsrichtung immer dieselbe Litze und bei der entgegengesetzten Bewegung immer eine nebenliegende Litze. Der ganze Drahtbedarf wird demnach für eine Litze von ein und derselben Verankerung aus abgewickelt. Hierbei wird sorgfältig darauf geachtet, daß keine Überschneidungen von Drähten stattfinden, und daß sich jede Litze aus vielen Drahtwindungen zusammensetzt, die alle gleiche Wickelungsrichtung haben. Zuerst werden die Litzen im unteren Teile des Kabels hergestellt und dann die 7 Kernlitzen. Eine jede erhält vorübergehend Drahtbündelungen und wird nach ihrer Fertigstellung in die endgültige Lage in die Kabelsättel herabgelassen. Nach ihrer Vollendung werden die 7 Kernlitzen mit bleibenden Drahtbündelungen versehen. Darauf vollendet man die oberen Litzen im Kabel, entfernt alle vorübergehenden Bündelungen und preßt das Kabel, dessen Umfang vorher der Sechseckform entsprach, mit Hilfe von ringförmigen Zwingen in die Form eines Kreiszylinders. Diese Zwingen wurden früher vermittels Schrauben, bei der Ma.-Br. durch Wasserdruckpressen zusammengepreßt, von denen jede einen Druck von 20 t ausübte. Das Kabel, welches nach den Pressen mit vorübergehenden Drahtbündelungen versehen worden war, erhält dann noch eine bleibende dichte Umwicklung von galvanisiertem Stahldraht. Sie wurde bei der Ma.-Br. zwischen den Schellen, die man vorher ausgebracht hatte, mit Hilfe einer elektrisch angetriebenen Maschine ausgeführt (Abb. 19). Eine ähnliche aber einfachere, von Hand betätigte Umwicklungsvorrichtung war schon bei der alten Br.-Br. in Gebrauch. Weitere Vorkehrungen zum Schutze des Kabels gegen Rost sind an anderer Stelle erwähnt.

Einige Einzelheiten über die Kabelausbildung der größten amerikanischen Kabelbrücken sind nachstehend zusammengestellt.

Tabelle V.

Name der Brücke und Jahr der Vollendung	Zahl der Kabel	Kabeldurchmesser mm	Zahl der Litzen eines Kabels	Zahl der Drähte in einer Litze	Gesamtzahl der Drähte eines Kabels	Drahtdurchmesser mm	Drahtfestigkeit kg/mm²	Größte Drahtspannung	Bemerkungen
Eisenbahn- u. Straßenbrücke über den Niagara, 1855	4	254	7	520	3640	3,4	82	20	Hildenbrand[18]) S. 15, 8
Ohiobrücke zwischen Cincinnati und Covington, 1867 (vor der Verstärkung)	2	305	7	743	5200	3,76	74	27	„ S. 85
Brooklynbrücke, 1883	4	400	19	332	6308	4,19	112	33,3	„ S. 10, 86
Williamsburgbrücke, 1903	4	473	37	281	10397	4,19	140	35,4	Für die Festigkeit d gelieferten Drahtes e gab die Prüfung 157,5 kg/mm²
Manhattanbrücke, 1910	4	530	37	256	9472	5	152	51,3	Die Prüfung ergab 157 kg/mm² unverzin 146 „ verzinkt

Nach Hildenbrand war die Br.-Br. die erste, welche mehr als 7 Stränge in einem Kabel enthielt, und wie die obige Zusammenstellung zeigt, ist man bei der Wi.-Br. und der Ma.-Br. zur Anzahl 37 übergegangen, wodurch sich die Anzahl der Drähte in einer Litze verminderte. Außerdem ist ersichtlich, wie man, um die Zahl der Drähte und damit die Herstellungskosten eines Kabels möglichst zu beschränken, die Drahtdicke vergrößert hat und welche bedeutenden Fortschritte in bezug auf die Güte des Drahtmateriales gemacht worden sind.

6. Übersicht über die Kabelausbildung bei ausgeführten Hängebrücken und Entwürfen.

Man kann, ganz allgemein gesagt, ein Kabel wie folgt herstellen:

a) Aus parallelen Drähten, welche von Verankerung zu Verankerung reichen.

b) Aus parallelen Drähten, die nur zwischen den Knotenpunkten ausgespannt sind, also eine Kabelkette bilden.

c) Aus dicht aneinandergelegten Spiralseilen.

d) Aus Einzelseilen oder Bündeln, welche in gegenseitigem Abstand geführt sind.

a) Paralleldrahtkabel.

Die Ausbildung der Paralleldrahtkabel bei den bekanntesten Hängebrücken ist S. 45—49 beschrieben worden.

In Europa wurden Paralleldrahtkabel bei folgenden Gelegenheiten vorgeschlagen:

Wettbewerb für die Erbauung zweier Donaubrücken in Budapest.[22])

Wettbewerb für eine feste Rheinbrücke in Bonn.[23])

Wettbewerb um den Bau einer Rheinstraßenbrücke in Köln.[60])

Die betreffenden Entwürfe für Budapest und Bonn stammten von Oberingenieur Kübler (Maschinenfabrik Esslingen).

Bei dem einen Budapester Entwurf waren die Kabel auf den Pfeilern verankert, und die Herstellung zeigte infolgedessen einige von der amerikanischen abweichende Einzelheiten, und zwar war der Vorgang wie folgt gedacht:

Die einzelnen Kabeldrähte werden nach dem mit der Spannweite l und dem Pfeil f der Kabelachse ausgespannten Leitdraht ausgehängt und abgelängt, nachdem sie vorher auf die entsprechende kleinere Pfeilhöhe $f \cdot \frac{g}{q}$ (worin q die spätere größte Belastung, g das Eigengewicht der Kabel für die Längeneinheit der Brücke) ausgespannt worden sind. Auf diese Weise wird jedem Drahte seine größte Spannung vorübergehend erteilt, die er später im Kabel zu tragen hat. Jeder so vorbereitete Draht wird mit seinen Enden durch das entsprechende Loch einer Sammelbüchse gezogen und dort vorläufig befestigt, bis die für einen Strang bestimmte Anzahl dieser Drähte in richtiger Anordnung beisammen ist. Sodann werden die Drähte hinter der

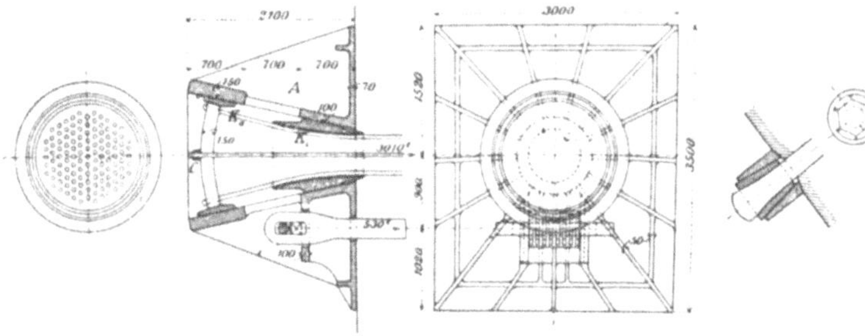

Abb. 20.
Verankerung der Kabel in den Entwürfen Kublers für Budapest und Bonn.

Sammelbüchse mittels einer Schraubzwinge verbunden und der Strang in seine endgültige Lage im Kabel gebracht. Letzteres geschieht in der Weise, daß der Strang mit seinem Ende durch den Lagerstuhl auf den Pfeilern und durch ein entsprechendes Loch in der davor gehängten Kalotte (Abb. 20) gezogen, die innenbleibende Schraubzwinge durch ein äußeres Klemmstück ersetzt, das Ende sorgfältig gespleißt und mit der endgültigen kegelförmigen Büchse, die längsteilig ausgebildet ist, versehen wird. Sind sämtliche Stränge im Kabel vereinigt und in der Kalotte mittels der kegelförmigen Büchsen in entsprechenden konischen Löchern befestigt, so werden die Kabel von der Mitte ausgehend und gleichzeitig nach beiden Seiten hin durch Schraubzwingen in die zylindrische Form zusammengepreßt, durch

Maschinen mit weichem, 3 mm starkem Eisendraht stramm und dicht umwickelt und gleichzeitig die rohrschellenartigen Zwingen angebracht, an welchen die Hängestangen der Querträger befestigt werden. Ist man mit dieser Umwicklung und Armierung durch die Zwingen beiderseits an den Kabelenden angekommen, dann werden in den richtig gestellten Lagerstühlen weiche Metallfutter und die inneren Keile K_i in die voraussichtlich richtige Stellung gebracht und das Kabel mit der Kalotte, die bis dahin in Flaschenzügen hing, in den Stuhl hineingelassen. Sitzen die inneren Keile K_i in ihrer richtigen Stelle fest, so werden auch die äußeren Keile K_a zwischen die Kalotte und die äußere Druckfläche des Lagerstuhles eingebracht, und es wird nachgesehen, ob die Büchsen der sämtlichen Stränge in ihren kegelförmigen Flächen festsitzen. Es ist zu erwarten, daß bei guter Einpassung der Keile und Anwendung weicher Metallfutter (Typenmetall) zwischen Kalotte und Keilen der nach Einhängung des freien Kabels noch ausstehende, weitaus größte Teil des Kabelzuges in nahezu gleichen Teilen von dem innern und äußern Kegel aufgenommen wird.

Für die Kabel wurde Gußstahldraht von 140 kg/mm² Zerreißfestigkeit, 70 kg/mm² Spannung an der Elastizitätsgrenze und ein Dehnungsmaß von 21500 kg/mm² in Aussicht genommen. Mit Rücksicht auf den Transport sollte die zulässige Drahtstärke 4 mm betragen, bei welcher bei einem Durchmesser der Transportrollen von 2,5 m die durch das Aufwickeln des Drahtes entstehende größte Biegungsspannung die künftige größte Zugspannung im Kabel nicht überschreitet. Der Kabeldurchmesser betrug 500 mm.

Die beim Bonner Wettbewerb von Kübler vorgeschlagenen Kabel sollten aus Gußstahldrähten von 4,3 mm Stärke hergestellt werden. 61 solcher Drähte bilden einen Strang, 91 Stränge bilden ein Kabel, welches demnach 5551 Drähte und 800 cm² Querschnitt erhält. Der Entwurfsverfasser führte als besonderen Vorzug des Kabels an, daß auf dessen ganze Länge der gleiche Querschnitt vorhanden sei, daß keine Nietlöcher ungleichmäßige Beanspruchung erzeugen, und daß sicher alle Drähte gleichmäßige Anstrengung erleiden, wenn nach der von ihm vorgeschlagenen Weise verfahren werde. Selbst einzelne fehlerhafte Stellen im Draht hätten nur geringen Einfluß, da sich infolge der großen Reibung zwischen den einzelnen Drähten der Zug gleichmäßig über den Querschnitt verteile und das Zusammentreffen mehrerer fehlerhafter Drähte in demselben Querschnitte bei der Herstellungsweise der Drähte nahezu ausgeschlossen sei.

Gelegentlich des letzten Kölner Wettbewerbes schlugen die Entwürfe „Alaaf Colonia" und „Ehern" Paralleldrahtkabel vor, deren Zusammensetzung unter 1. u. 7. Tab. III S. 11 zu ersehen ist.

b) Die Kabelkette.

Die Drahtkette ist von Lindenthal[47c)] [29a)] [25)] [52c)] erfunden und bei den Entwürfen für eine Quebec-Brücke über den

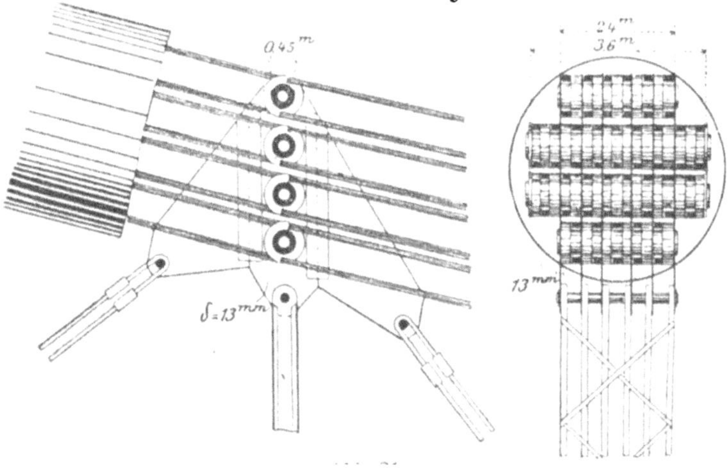

Abb. 21.
Lindenthals Kabelkette für das Northriverprojekt.

St. Lorenzstrom (Spannweiten 548,6 + 2 · 207,8 m) und für eine Northriverbrücke in New York (Spannweiten 944,5 + 2 · 548,6 m) vorgeschlagen worden (Abb. 21). Die Kettenglieder bestehen aus rundem Stahldraht von 6,58 mm Stärke, welcher schleifenartig und ohne Ende um Stahlschuhe gelegt ist. Über den Schuhen werden zwischen den einzelnen Drahtlagen besondere Auflagerstreifen (bearing strips) eingelegt. Die Herstellung sollte so geschehen, daß der Draht zuerst auf eine Kreisscheibe aufgewickelt, und daß dieser Drahtring dann durch Wasserdruckpressen langgezogen wird. Die fertigen Kabelelemente werden mit ihren Schuhen auf die Gelenkbolzen geschoben. Dies waren bei dem Northriverprojekt hohle Stahlbolzen von 457 mm äußerem und 254 mm innerem Durchmesser, das Kabel bestand aus 4 übereinanderliegenden Ketten, von denen die oberste und unterste abwechselnd 5 und 6, die beiden mittleren je 8 und 9 Drahtglieder enthielten. Jedes Drahtglied setzte sich im Querschnitt aus 200—600 Drähten zusammen. Das ganze Kabel sollte dann zum Schutz gegen Regen und Sonnenbestrahlung mit einem 3 mm starkem Stahlblechmantel umhüllt werden.

c) Kabel aus dicht aneinandergelegten Spiralseilen.

Ein Kabel aus dicht aneinandergelegten Spiralseilen zeigt der Entwurf von Georg S. Morison[26) 47f) 29b)] für eine Northriverbrücke (970 m Spannweite), welcher demjenigen Lindenthals gegenübergestellt wurde. Das Kabel bestand hier aus 253 im Kreuzschlag geflochtenen Spiralseilen, welche auf den Pfeilern mit Hilfe von Seilköpfen verankert waren (Abb. 22). Jedes Seil hatte 54 mm Φ, etwa 20 cm^2 metallischen Querschnitt und wog 15 kg für das Längenmeter.

In der Zeitschrift „Stahl und Eisen“ führte 1897 Prof. Mehrtens[29b)] als Beispiel einen Kabelquerschnitt aus 55 dicht aneinandergelegten Kreuzschlagseilen von je 250 t Zugfestigkeit an. Die Verankerung war so gedacht, daß, ähnlich wie bei den amerikanischen Paralleldrahtkabeln, von einer vermittels einer Stahlmuffe gebildeten Einschnürungsstelle ab die Seile auseinanderliefen und durch je einen Seilkopf in Reihen an einem Trägerrost verankert wurden.

Die Kabel der Brücke von Langenargen bestehen ebenfalls aus dicht zusammengelegten Seilen, die aber um eine Kernlitze geflochten sind. Die Ausbildung wurde schon S. 8 beschrieben. Die rechnerische Zugfestigkeit jedes Kabels beträgt 890 t.

Für ein Kabel mit dicht zusammengelegten Seilen (oder Drähten) hat die Gesellschaft Harkort in Duisburg auf

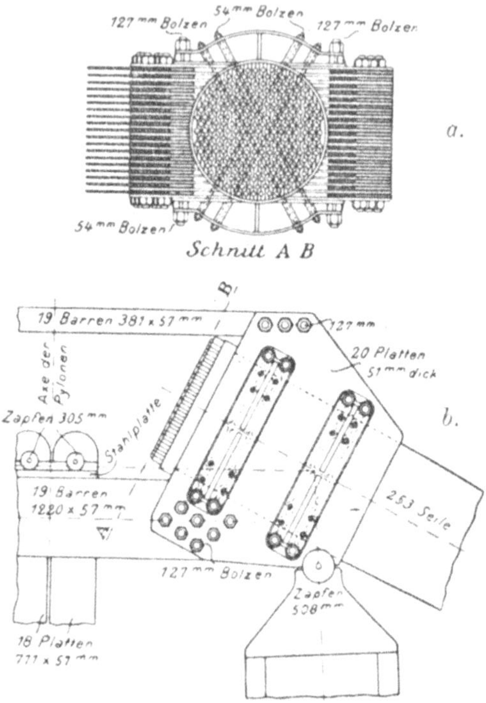

Abb. 22.
Kabel aus 253 Spiralseilen nach G. S. Morison.

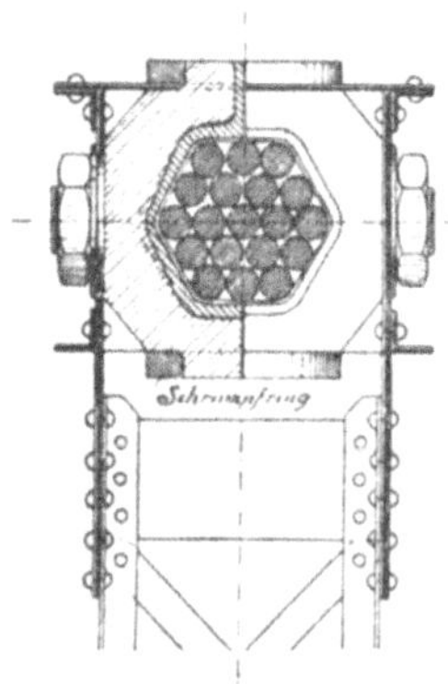

Abb. 23.
Kabelknoten nach dem Patent von Harkort, Duisburg.

eine Knotenpunktsanordnung im Jahre 1898 den Patentschutz [32]) erworben, der im November des Jahres abgelaufen ist. Die Anordnung (Abb. 23) bietet die Möglichkeit, das Kabel gleichzeitig als Gurt des Versteifungsträgers und eines oberen Windverbandes zu verwenden. Es stehen hierbei die zweiteiligen Stahlschellen aller Knotenpunkte mit einer aus Winkeln und Flacheisenstäben gebildeten Hilfsgurtung in Verbindung, innerhalb der das Kabel bis zum vollendeten Aufbau der Hauptträger lose hängt. Erst dann wird der Zwischenraum zwischen den Stahlschellen und dem genau geregelten und an den Knotenpunkten umwickelten Kabel ausgegossen. Diese gegossene Umhüllung wird ebenfalls zweiteilig gemacht, und nach dem Ausgießen werden die beiden Schellenhälften mittels warm aufgezogener Schrumpfringe, von der die Erfinderin eine bessere Wirkung als von Schrauben erwartet, an die Kabel gepreßt.

d) Kabel aus Einzelseilen oder Bündeln, welche in gegenseitigem Abstand angeordnet sind.

Bei fast allen Hängebrücken, deren Kabel aus Spiralseilen bestehen, sind diese parallel und mit gegenseitigem Abstand angeordnet, und zwar sind Brücken dieses Systems, wie einleitend bemerkt wurde, in großer Zahl in Frankreich erbaut worden. Die Anordnung war eine Folge der vielen, etwa bis Ende des 8. Jahrzehnts im vorigen Jahrhundert sich erstreckenden Einstürze französischer Brücken. Darauf verlangten dann ministerielle Erlasse 1870, 1877 und 1886 Zugänglichkeit aller Teile der Kabel einschließlich der Verankerungen und die Ersatzmöglichkeit einzelner Seile während des Betriebes der Brücke. Dies ist dann in der oben angegebenen Weise erreicht worden. Dabei sind die Einzelseile vermittels übergelegter Bügel mit einem darunter befindlichen wagerechten Steg verbunden, an dem die Hängeseile oder -stangen angreifen (Abb. 2). Die Bügel sind am Steg durch Schraubenmuttern festgehalten, wodurch ein Nachstellen der einzelnen Seile möglich wird. Aus der Tab. II S. 10 ist ersichtlich, daß die Franzosen bis zu einer sehr großen Anzahl von Einzelspiralseilen gehen.

Dieser französischen, an zahlreichen Brücken angewendeten Anordnung steht die Ausbildung nach deutscher Art gegenüber, welche bis jetzt nur in Entwürfen vertreten ist. Hierbei werden die Seile mittels eingelegter Zwischenstücke im Knoten so fest verbunden, daß sie gleiche Längenänderungen durchmachen und infolgedessen gleiche Spannungen aufnehmen sollen.

Eine solche Anordnung ist der Maschinenfabrik Augsburg-Nürnberg[33]) patentiert worden (Abb. 24). Die unabhängig gelagerten Seile sind in senkrechten Reihen angeordnet.

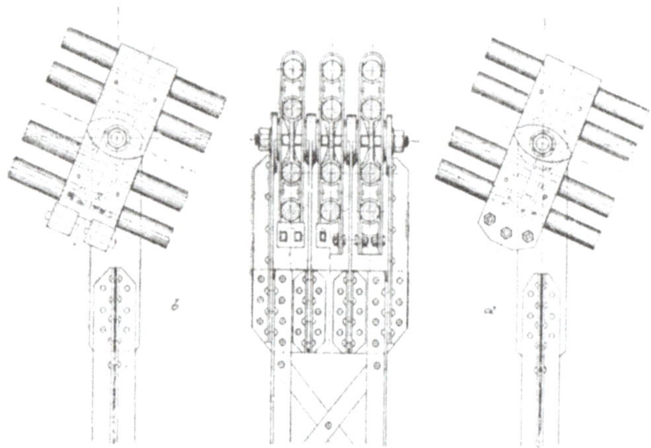

Abb. 24.
Kabelknoten nach dem Patent der Maschinenfabrik Augsburg-Nürnberg.

Die Seile jeder Reihe werden mittels zwischengelegter Stahlkörper und einer übergelegten Flacheisenschleife zu einer Gruppe vereinigt. Die nebeneinanderliegenden Gruppen sind durch einen gemeinsamen, wagerechten Bolzen verbunden, der durch Augen der Flacheisenschleifen hindurchgesteckt ist. Zwischen den Reihen befindliche, den Bolzen umfassende senkrechte Bleche dienen zum Anschluß der Hängestange. Bei Auswechslung eines Seiles braucht man nur die Flacheisenschleifen der betreffenden Gruppe zu lösen. Auch der Schutz für dieses Patent läuft, wie bei dem Harkortschen, in diesem Jahre ab. Die Ausbildung wurde von der Firma gelegentlich des im Jahre 1900 durch die Regierung von Neu-Süd-Wales für den Bau einer Eisenbahn- und

Straßenbrücke in Sydney ausgeschriebenen Wettbewerbes[34]) vorgeschlagen, und der Brückenentwurf errang den 2. Preis. Er zeigte eine Hauptspannweite von 548,6 m und zwei Nebenöffnungen von je 140 m Weite und war für die Überführung von zwei Fahrstraßen mit seitlichen Fußwegen und einer zweigleisigen

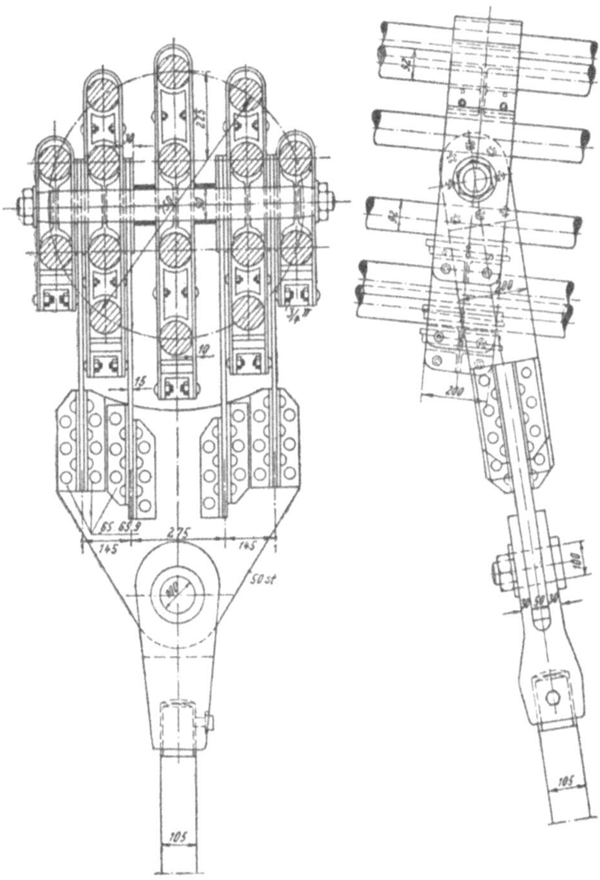

Abb. 25.
Kabelknoten beim Entwurf „Alaaf Colonia", Köln.

Haupteisenbahn berechnet. Dementsprechend bestand jedes Hauptkabel aus 72 einzelnen Spiralseilen von je 850 t Bruchfestigkeit. Diese waren zu je 24 Stück in 3 Gruppen angeordnet, welche mit Hilfe eines gemeinsamen Knotenbleches an den Hängestab angeschlossen wurden. Jede Gruppe für sich bildete eine Anordnung der oben beschriebenen Art.

Die Maschinenfabrik Augsburg-Nürnberg hat die besprochene Kabel- und Knotenpunktausbildung bei ihren Entwürfen des letzten Kölner Wettbewerbs nicht mehr vorgeschlagen, hingegen ist diese von der „Gutehoffnungshütte“ für ein Kabel aus 16 Seilen bei dem Entwurf „Alaaf Colonia“ in Vorschlag gebracht worden (Abb. 25).

Der Entwurf „Freiheit“ der letztgenannten Firma zeigt eine andere Anordnung deutscher Art. Hierbei sind die 15 Einzel-

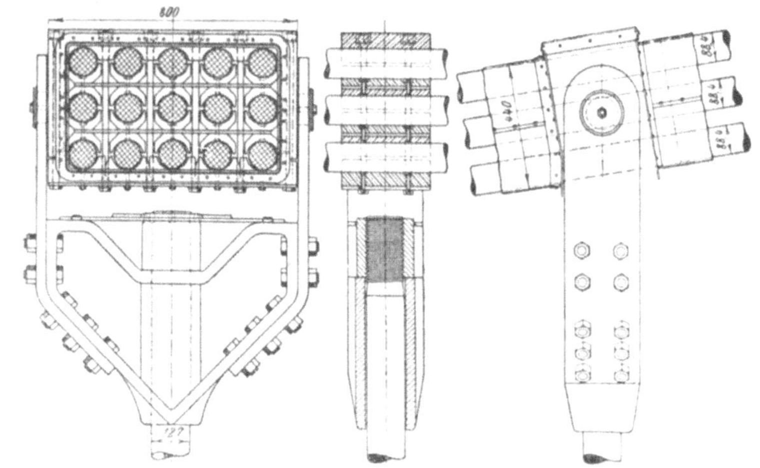

Abb. 26.
Kabelknoten beim Entwurf „Freiheit“, Köln.

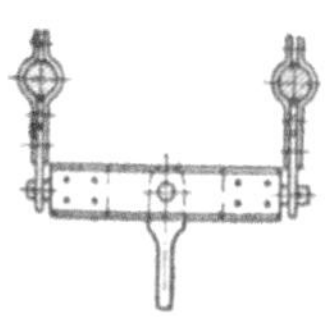

Abb. 27.
Aufhängung an den Kabeln der Kieler Schwebefähre.

seile in drei wagerechten Reihen zu je fünf Stück zu einem rechteckigen Querschnitt mittels entsprechend geformter Zwischenstücke vereinigt. Das Zusammenpressen geschieht durch acht senkrecht angeordnete Schraubenbolzen (Abb. 26).

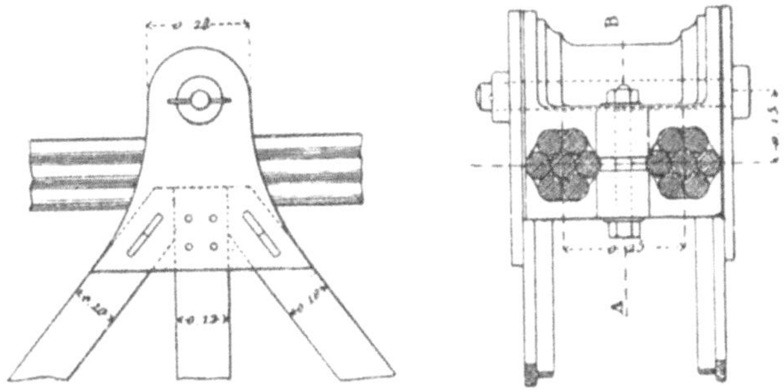

Abb. 28.
Kabelknoten der Lambethbrücke.

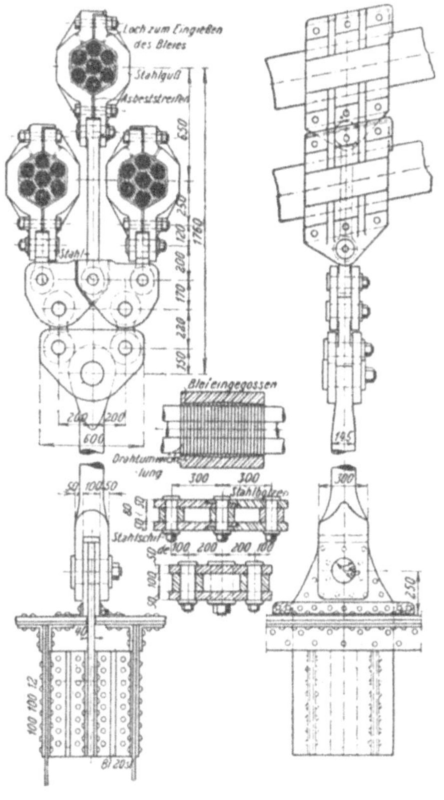

Abb. 29.
Kabelknoten mit Hebelanordnung. Entwürfe 3 u. 6. Tab. III. Köln

Bei der im Jahre 1910 dem Verkehr übergebenen Schwebefähre in Kiel wird jeder Hängegurt ebenfalls durch zwei parallele Spiralseile gebildet. Ein wagerechter Querarm, in dessen Mitte die Hängestange angreift, überträgt hier die Knotenlast je zur Hälfte auf beide Einzelseile (Abb. 27).

Die Bildung des Hängekabels aus parallelen Seilbündeln ist ausgeführt an der Lambethbrücke[15]) über die Themse in London v. J. 1863 (Abb. 28). Es war dies die erste durch Hängefachwerk versteifte Hängebrücke, bemerkenswert auch da-

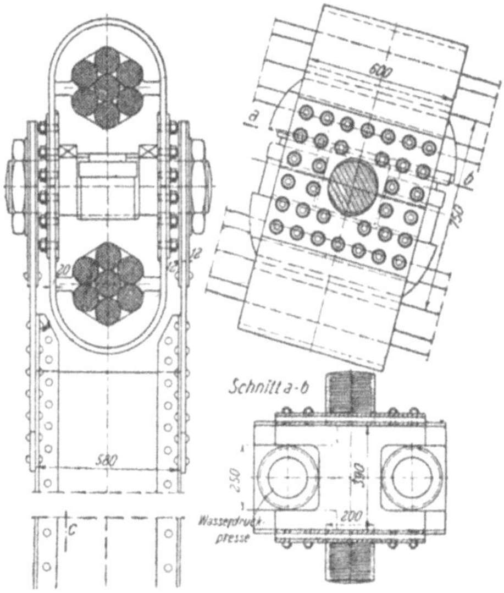

Abb. 30.
Kabelknoten bei den Entwürfen 4 u. 5. Tab. III. Köln.

durch, daß die Seile jedes Bündels erstmalig in Schraubenform um das Kernseil gewickelt waren. Die beiden Bündel werden durch zwei Gußkörper umfaßt, die mit Hilfe lotrechter Schraubenbolzen fest an die Seile angepreßt sind.

Bei den Entwürfen für Köln tritt die Anordnung paralleler Seilbündel stark in den Vordergrund. Die Nummern 3, 6 Tab. III verwenden drei Seilbündel. Die Verteilung der Knotenlast erfolgt durch eine Hebelanordnung (Abb. 29).

Bei den Entwürfen 4, 5 der Tab. III sind zwei aus je sieben parallelen Seilen bestehende Bündel lotrecht übereinander angeordnet. An den Knotenpunkten sind gußstählerne Umfassungsstücke angebracht, welche bei der Montage durch Wasserdruckpressen fest gegen die Seiloberfläche gedrückt und dann durch zwischengetriebene Keile festgehalten werden (Abb. 30).

Die Bildung der Hängegurte aus je zwei siebenschenkligen parallelen Seilbündeln zeigt auch eine 56 m weit gespannte Hängebrücke bei Bucaramanga in Neu-Granada[47g]).

Zweiter Abschnitt.

Erwägungen über die Ausbildungsarten des Kabels und weitere Entwicklungsmöglichkeiten.

7. Vor- und Nachteile der Kabelkette.

Von allen Arten der Kabelausbildung bildete die Kabelkette ein System für sich. Seine Vor- und Nachteile lassen sich wie folgt feststellen. Vorzüge sind:

1. Die Herstellung der einzelnen Drahtglieder in der Werkstatt. Die Festigkeit kann man an Versuchsstücken prüfen.
2. Die Querschnittfläche in den Drahtgliedern läßt sich entsprechend den Kabelspannkräften verändern.
3. Die Drahtkette besitzt ebenso geringe Dehnbarkeit wie das Paralleldrahtkabel und läßt sich ähnlich verankern wie dieses.

Nachteile sind:

1. Die Gewichtsersparnisse, welche sich infolge Abstufung des Kabelquerschnitts erreichen lassen, dürften mehr als ausgeglichen werden durch die Mehrkosten infolge des Gewichts und der Herstellung der Bolzenverbindungen, wie überhaupt die ganze Anordnung eine für Brückenteile nicht wünschenswerte Kompliziertheit aufweist und auch keine sichere Gewähr dafür bietet, daß die vielen einzelnen Glieder eines Kabelquerschnittes auch die gleiche Spannung erleiden.
2. Die große Oberfläche ist mit Rücksicht auf Rostgefahr ebenfalls als ein ungünstiger Umstand zu betrachten. Es soll zwar das ganze Kabel zum Schutze gegen Regen

und Sonnenbestrahlung mit einem Stahlblechmantel umgeben werden, die eingeschlossene reichliche Luftmenge kann aber bei eigener Feuchtigkeit auch ein allmähliches Rosten verursachen.

§ 3.

Erwägungen über das Spiraldrahtkabel.

8. Das einfache Spiralseil und das Litzenspiralseil.

Die Vorteile, welche für die Anwendung von Spiralseilen sprechen, beruhen in ihrer Herstellung in der Werkstatt und in der bei verschlossenen Seilen zu erwartenden großen Rostsicherheit. Dem stehen aber auch erhebliche Nachteile gegenüber, welche die Anwendung besonders für diejenigen größeren Spannweiten, bei denen die Wirtschaftlichkeit der Kabelbrücke beginnt, erschweren.

Die Firma Felten & Guilleaume vermag heute ein einfaches Spiralseil von 1000 t Bruchfestigkeit herzustellen. Es ließen sich also z. B. die siebenschenkligen Kabel der Brücke von Langenargen durch je ein derartiges Seil ersetzen. Die Grenze der Anwendbarkeit des einfachen Spiralseiles wird für normale Straßenbrücken demnach wenig über 75 m Spannweite liegen. Das dann weiter in Frage kommende siebenschenklige Litzenspiralseil erscheint wenig geeignet. Die zum Teil schon erwähnten Nachteile sind:

1. Die Decklitzen haben bei einer Länge L des Seiles und einem Flechtwinkel ω eine Länge von $\frac{L}{\cos\omega}$, das bedeutet also einen unwirtschaftlichen Materialmehraufwand gegenüber dem Kabel mit parallelen Seilen.
2. Das Dehnungsmaß der Litzenspiralseile sinkt außerordentlich unter dasjenige des Drahtes. Bei normaler Belastung von 28—35 kg/mm² hatten die Dehnungsversuche an den siebenschenkligen Seilen für die Kaiser-Franz-Joseph-Brücke in Prag (s. S. 24) ein Dehnungsmaß von 14 390 kg/mm² ergeben. Dieses ist also um 28 % geringer als das Dehnungsmaß des Drahtes, wenn

man das letztere mit 20000 kg/mm² annimmt. Da nun Hängebrücken gegenüber den Balken- und Bogenbrücken an und für sich den Nachteil geringerer Steifigkeit zu besitzen pflegen, so spricht die große Dehnbarkeit ganz besonders gegen die Anwendung der Litzenspiralseile.

3. Ein Litzenspiralseil läßt sich nur im ganzen auswechseln, während bei einem Bündel paralleler Seile die Anordnung getroffen werden kann, daß jedes einzeln auszuwechseln ist.

4. Gegenüber den Kabeln aus parallelen Seilen, von denen sich jedes einzeln montieren läßt, besitzen die Litzenspiralseile den Nachteil großer Steifigkeit. So hat man beim Aufstellen der Langenargener Brücke erhebliche Schwierigkeiten gehabt, die Kabel in die vorgeschriebene Lage zu bringen.

Der für das Litzenspiralseil hervorgehobene Nachteil großer Dehnbarkeit gilt, wenn auch in geringerem Maße, für alle Spiralseile.

Da also in der Regel schon bei verhältnismäßig geringen Weiten der erforderliche Drahtquerschnitt des Hängegurtes so groß wird, daß er nicht mehr durch ein Seil gebildet werden kann, müssen deren mehrere angeordnet werden. Die Knotenpunktausbildung ist dann so zu wählen, daß jedes Seil den gleichen Anteil an der Gesamtbelastung und demnach bei gleichem Durchhang und gleicher Länge dieselbe Spannung erhält. Diese Forderung ist schwer zu erfüllen und, wie aus Abs. 6 c) u. d) hervorgeht, vor allem in Entwurf und Vorschlag auf sehr mannigfaltige Weise zu erreichen versucht worden.

9. Kabel aus 2—4 Einzelseilen oder -bündeln mit statisch bestimmter Lastverteilung am Knotenpunkt.

Das Bestreben, die einzelnen Spiralseile eines Kabels auswechselbar anzuordnen, ihre Oberfläche der Besichtigung zugänglich zu machen, bezw. unzugängliche Hohlräume im Innern des Gesamtquerschnittes möglicht zu vermeiden, führt dazu, die Einzelseile mit gegenseitigem Abstand zu führen oder höchstens siebenschenklige Bündel anzuwenden.

Es entsteht somit die Aufgabe, auf jedes Einzelseil oder Bündel den gleichen Anteil der Gesamtknotenlast zu übertragen. Für den Fall, daß Hängestangenkraft und die auf die Einzelseile übertragenen Kräfte in einer Ebene liegen und parallel sind, daß man ferner zur Verbindung der Hängestange mit den

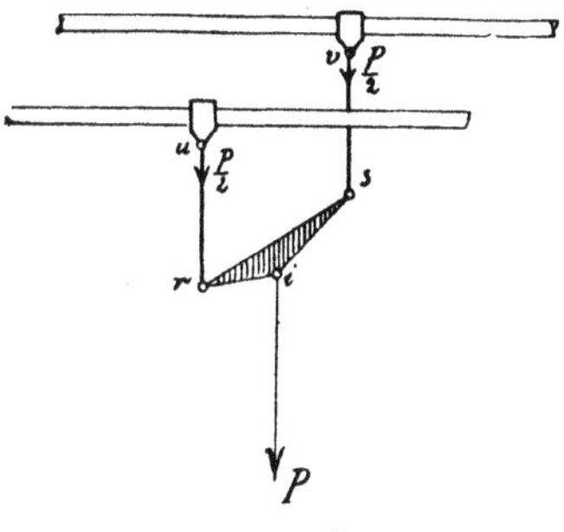

Abb. 31.

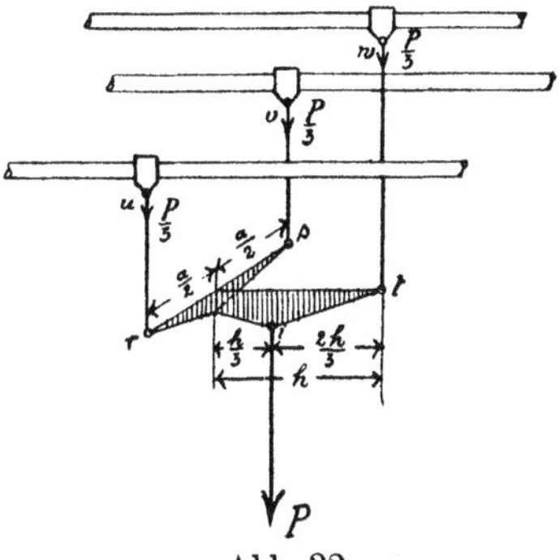

Abb. 32.

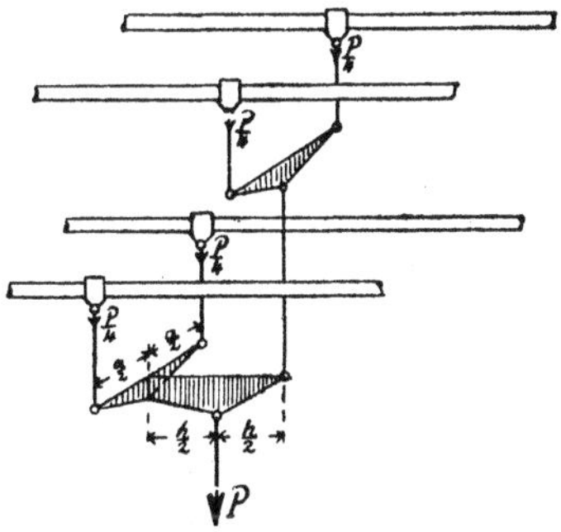

Abb. 33.

Abb. 31—33 statisch bestimmte Aufhängung an 2—4 Einzelseilen.

Seilen nur eine starre Scheibe (im Sinne der Statik)[37a] benützt, ist die Aufgabe statisch bestimmt nur für zwei Seile lösbar. Sind dle Kräfte sämtlich parallel, bilden aber ein räumliches System, so ist eine solche Lösung unter Benützung eines starren Tragkörpers nur für 3 Seile möglich.

In Abb. 31 ist die starre Scheibe der gleicharmige Hebel r s. Es sind 5 ebene Gelenke[37a] (r, s, u, v, i) und 2 Stäbe (u r und s v) vorhanden. Eine Annäherung an die Ausbildung nach Abb. 31 zeigen von geschichtlich bemerkenswerten Bauwerken

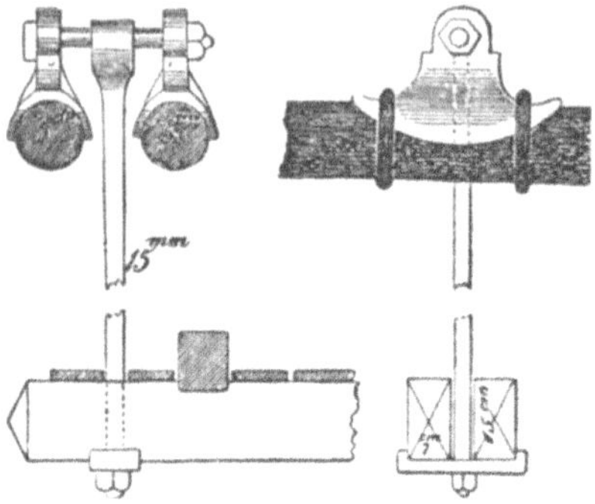

Abb. 34.
Aufhängung bei den Fußgängersteigen von Damiette und Constantine über die Seine. Paris 1837.

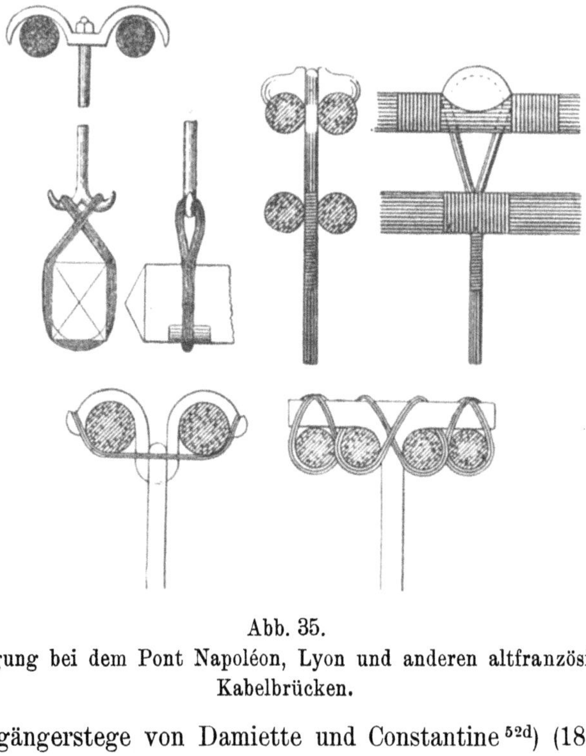

Abb. 35.
Aufhängung bei dem Pont Napoléon, Lyon und anderen altfranzösischen Kabelbrücken.

die Fußgängerstege von Damiette und Constantine[52d]) (1839 erbaut, Abb. 34) und der Pont Napoleon,[52e]) Lyon (einige Jahre nach dem vorgenannten erbaut) (Abb. 35), ferner die Hungerfordbrücke[52f]) in London (1845 erbaut, 1860 wieder abgebrochen, Abb. 36), die allerdings Kettengurte besaß. Als neuestes Bauwerk mit einer Aufhängung nach Abb. 33 ist die Schwebefähre in Kiel zu nennen (Abb. 27).

Bei Vorhandensein von 3 Einzelseilen oder Bündeln läßt sich eine statisch bestimmte Anordnung, wie in Abb. 32 dargestellt, treffen. Notwendig sind außer dem Tragkörper (r s i t) 7 räumliche Gelenke[37b]) (r, s, u, v, i, t, w) und 3 Stäbe (ru, sv, tw), um den Kopf der Hängestange mit den Kabelschellen zu verbinden. Der Punkt i liegt auf der Senkrechten, durch den Schwerpunkt des Dreiecks r s t. Die Anordnung gehört zu einer nur sehr wenig beweglichen Konstruktion. Ihr Hauptzweck

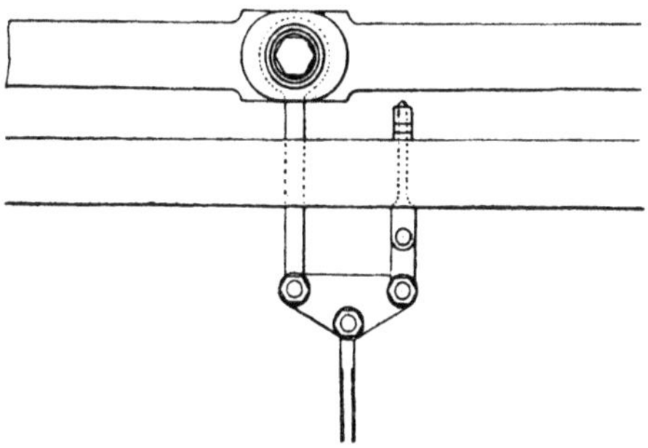

Abb. 36.
Aufhängung bei der Hungerfordbrücke in London. 1845—1860.

ist die statisch bestimmte Lastverteilung, mithin erscheint es konstruktiv zulässig, die räumlichen Gelenke (Kugelzapfengelenke) als ebene Gelenke (Bolzengelenke) auszubilden. Wahrscheinlich aus demselben Grunde hat man bei den Entwürfen 3 und 6, Tab. III des Kölner Wettbewerbs (Abb. 29) keine Bedenken getragen, die obersten, an den Kabelschellen befindlichen Bolzengelenke um 90° gegen diejenige Ebene zu drehen, in der sie eigentlich liegen müßten. Bei den genannten Entwürfen besteht jeder Hängeträger aus 3 Seilbündeln, auf welche die Lastverteilung mit Hilfe von Hebeln erfolgt. Die Kräfte wirken aber hier (vielleicht in Anlehnung an die Anordnung bei der Kaiser-Brücke in Breslau)[62]) in einer Ebene. Infolgedessen sind 3 Hebel (hierbei doppelt ausgebildet), 5 Stäbe und 11 Gelenke zwischen Hängestange und Kabelschellen notwendig. Hingegen erfordert nach obigem die räumliche Anordnung nach Abb. 32 nur eine Anzahl von 1,3 bezw. 7 für die entsprechenden Teile (Tragkörper, Stäbe, Gelenke). Sie ist — soweit bekannt — bis jetzt noch nicht ausgeführt oder vorgeschlagen worden.

Ist die Anzahl der Einzelseile, welche das Kabel bilden, größer als drei, so genügt eine Tragscheibe oder ein Tragkörper für eine statisch bestimmte Lastverteilung nicht mehr. Für 4 Seile läßt sich die theoretisch einfachste Anordnung aus Abb. 32 so weiter entwickeln, wie dies Abb. 33 zeigt. Bei der Kaiser-Brücke in Breslau hat man die in Abb. 37 dargestellte Kon-

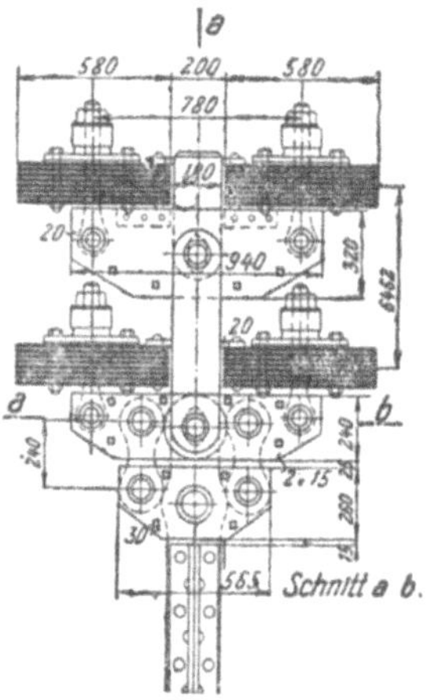

Abb. 37.
Aufhängung bei der Kaiser-Brücke in Breslau. 1910.

struktion gewählt, die ebenso wie hier für Kettengurte auch für Drahtkabel verwendbar wäre. Weitere Ausbildungsmöglichkeiten für eine beliebige Anzahl von Einzelseilen sollen in folgendem Abschnitt besprochen werden.

10. Kabel aus beliebig vielen Einzelseilen oder Bündeln mit statisch bestimmter Lastverteilung am Knotenpunkt.

a) Lastverteilung durch eine Stabkette.

Faßt man die Knotenlast oder Hängestabkraft als äußere Kraft und die Drücke auf die Einzelkabel als Stützendrücke

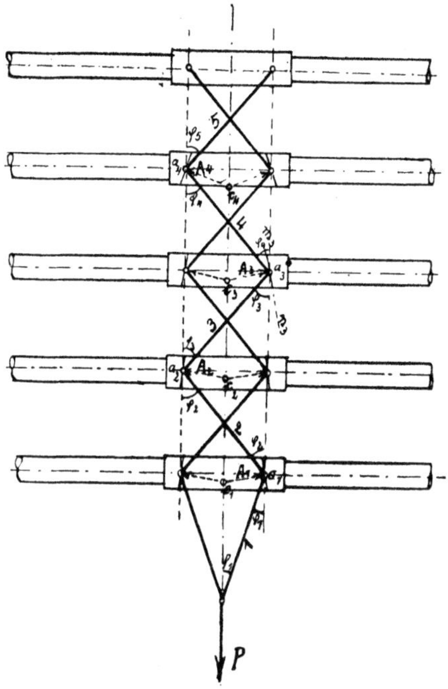

Abb. 38.
Statisch bestimmte Aufhängung an beliebig vielen Einzelseilen mittels einer Stabkette.

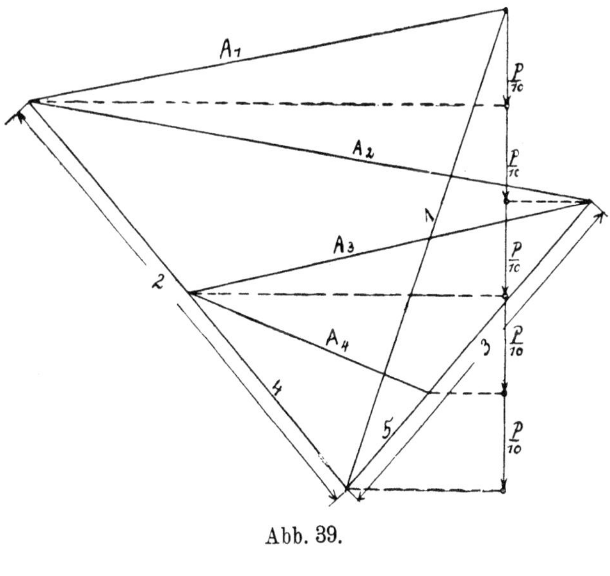

Abb. 39.

eines Stabwerkes [37a]) auf, so handelt es sich um die Aufgabe, dieses so anzuordnen, daß es unter einer Einzelbelastung P in n Stützpunkten n gleichgroße Stützendrücke $\frac{P}{n}$ ausübt. Das läßt sich auf folgenden Wegen erreichen:

a) Die Gelenke einer Scheiben- oder Stabkette [37c]) werden in solcher Richtung geführt, daß die Stützenkräfte (A) bezw. deren Vertikalkomponenten (A_v) bestimmte Größe besitzen. Eine solche Anordnung stellt Abb. 38 schematisch dar. Die Gelenkver-

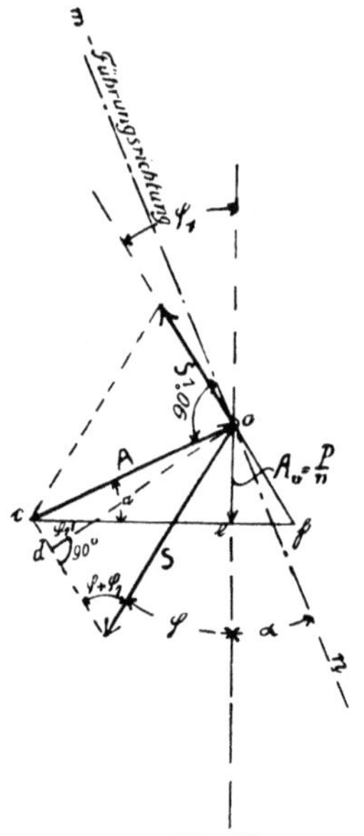

Abb. 40.

bindung, welche man sich zu beiden Seiten einer senkrechten Kabelreihe zu denken hat, überträgt hier eine Knotenlast 2 P auf 5 Einzelkabel. Die Führungslinien sind eingezeichnet, z. B. beim Gelenk a_3 die Linie m_3—n_3, darauf stehen bei Außerachtlassung der Reibung die (punktiert gezeichneten) Stützenkräfte senkrecht. Die Anordnung ist statisch bestimmt, denn bei s Scheiben ist die notwendige Anzahl der Verbindungsstäbe [37c])

$$v = (s - 1) \cdot 3 .$$

Die Anordnung enthält: 10 Scheiben als Gelenkstäbe und 1 Scheibe bilden die Kabel, die hier mit der Erde als fest verbunden anzusehen sind, also muß

$$v = 3\,(11 - 1) = 30$$

sein.

Vorhanden sind

11 zweistäbige Gelenke	. . . .	= 22 Stäbe
8 einstäbige, bewegliche Lager	.	= 8 „
	zusammen	30 Stäbe.

Es sei zunächst irgendein Knoten a eines beliebigen, unsymmetrischen Systems betrachtet, mit folgenden Bezeichnungen (Abb. 40, 41):

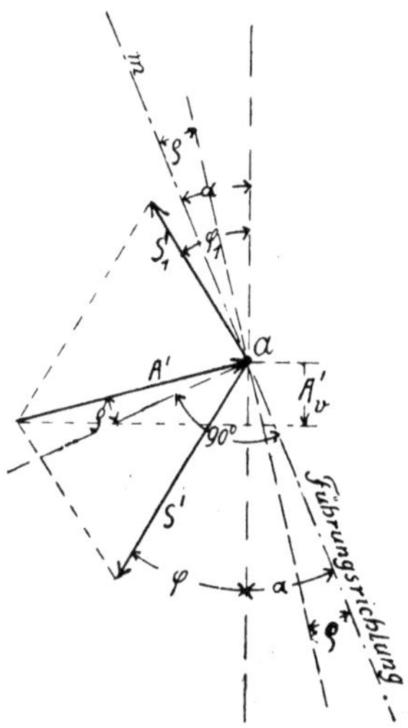

Abb. 41.

α = Neigungswinkel der Führung gegen die Lotrechte, der sich ohne Rücksicht auf Reibung ergibt.

φ u. φ_1 = Neigungswinkel der im Knoten a verbundenen Stäbe gegen die Lotrechte.

ϱ = Der in der Gelenkführung bei a auftretende Reibungswinkel.

S u. S_1 = Die in den beiden im Knoten a verbundenen Stäben auftretenden Spannkräfte bei reibungsloser Führung.

S' u. S_1' = Die in den genannten Stäben unter dem Einfluß der Reibung auftretenden Spannkräfte.

n = Anzahl der Auflagerstellen der Stabkette auf einer Seite der Seilgruppe (im Beispiel der Abb. 38:10).

Ohne Berücksichtigung der Reibung ergibt sich zunächst nach Abb. 40

$$\tan \alpha = \frac{a\,e}{c\,e}$$

$$c\,e = \frac{a\,d}{\cos \varphi_1} - \frac{P}{n} \tan \varphi_1$$

$$= \frac{S \sin(\varphi + \varphi_1)}{\cos \varphi_1} = \frac{P}{n} \tan \varphi_1 .$$

Demnach ist

$$\tan \alpha = \frac{\frac{P}{n} \cos \varphi_1}{S \sin(\varphi + \varphi_1) - \frac{P}{n} \sin \varphi_1}. \qquad (1)$$

Durch Projektion auf die Führungsrichtung erhält man

$$S_1 = S \frac{\cos(\varphi + \alpha)}{\cos(\varphi_1 - \alpha)}. \qquad (2)$$

Wendet man, vom Angriffspunkte der Last ausgehend, die Gleichungen (1) und (2) auf die aufeinanderfolgenden Knoten an, so lassen sich die Führungsrichtungen α und die Spannkräfte S der Stäbe ermitteln.

Graphisch geschieht die Ermittlung einfach durch einen Kräfteplan, wie er in Abb. 39 für die symmetrische Anordnung von Abb. 38 gezeichnet ist.

Mit Rücksicht auf Reibung erhält man nach Abb. 41 durch Projektion auf eine Senkrechte zum Stützendruck A′

$$S_1{}' = S' \frac{\cos(\varphi + \alpha - \varrho)}{\cos(\varphi_1 - \alpha + \varrho)}. \qquad (3)$$

Demnach sind auch hier die Spannkräfte in den Stäben bekannt, sobald die Werte α und ϱ gegeben sind. Die Winkel ϱ wird man praktisch für alle Führungen gleichgroß annehmen und die Winkel α ohne Rücksicht auf Reibung ermitteln, weil die letztere in doppeltem Sinne auftreten kann.

Graphisch geschieht die Ermittlung wieder vermittels Kräfteplan. In Abb. 42 ist beispielsweise für das System der Abb. 38 rollende Reibung angenommen, und zwar

$$\tan \varrho = \pm 0{,}01 .$$

Danach ergeben sich die in verschiedenem Sinne möglichen Abweichungen vom Normaldruck $\frac{P}{10}$. Unter Annahme einer vom Angriffspunkte von P aus fortlaufenden Bezeichnung, wie sie in Abb. 38 angedeutet ist, erhält man

$$S_1 = S_1' = \frac{P}{2 \cos \varphi_1}$$

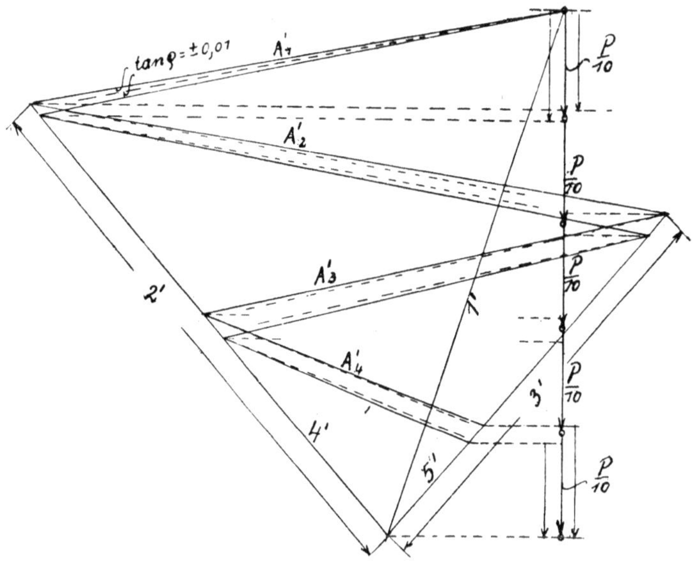

Abb. 42.

und somit allgemein für irgendeine Stabkraft S_n' eines vom Knoten a_{n-1} aufsteigenden Stabes

$$S_n' = \frac{P}{2 \cos \varphi_1} \cdot \frac{\cos(\varphi_1 + \alpha_1 - \varrho)}{\cos(\varphi_2 - \alpha_1 + \varrho)} \cdot \frac{\cos(\varphi_2 + \alpha_2 - \varrho)}{\cos(\varphi_3 - \alpha_2 + \varrho)} \cdot \ldots\ldots \cdot \frac{\cos(\varphi_{n-1} + \alpha_{n-1} - \varrho)}{\cos(\varphi_n - \alpha_{n-1} + \varrho)} . \quad (4)$$

Wie diese Gleichung zeigt, wird die Abweichung einer Stabkraft S_n' (mit Reibung) von der Kraft S_n (ohne Reibung) am größten, wenn der Reibungswinkel für alle Knoten bis einschließlich

a_{n-1} im gleichen Sinne auftritt, d. h. wenn die zugehörigen Gelenke in ihren Führungen alle steigen oder alle fallen, denn dann vergrößern oder verkleinern sich sämtliche Faktoren in Gleichung (4) gleichzeitig.

Ein erster Sonderfall tritt ein, wenn

$$\varphi_{n-1} + \alpha_{n-1} - \varrho = 90^0$$

und mithin S_n', S_{n+1}' usw., bezw. die Belastungen der Seile oberhalb des Knotens a_{n-1} Null werden. Nach Gleichung (2) muß $(\varphi_{n-1} + \alpha_{n-1}) < 90^0$ sein, damit keine Stabkraft Null oder negativ wird. Demnach kann obige Beziehung nur für einen negativen Absolutwert von ϱ eintreten, d. h. wenn

$$\varphi_{n-1} + \alpha_{n-1} + \varrho = 90^0$$

wird. Der Fall ist demnach mit einer Bewegung des Gelenkes a_{n-1} nach abwärts verbunden und kann vermieden werden, wenn man die Winkel

$$\varphi < 90^0 - (\alpha + \varrho)$$

macht.

Ein zweiter Sonderfall folgt aus der Beziehung

$$\varrho = \alpha;$$

nach Gleichung (3) wird dann

$$S_1' \cos \varphi_1 = S' \cos \varphi$$

und die Vertikalkomponente des Stützendruckes nach Abb. 41

$$A' = S' \cos \varphi - S_1' \cos \varphi_1 = 0.$$

Dieser Fall tritt ein, wenn sich das Gelenk in der Führung nach aufwärts bewegt und die Stützenkraft A′ bis zur Wagrechten abgelenkt wird. Er ist zu vermeiden, wenn man den kleinsten Winkel α

$$\alpha_{min} > \varrho$$

macht.

Vorausgesetzt wurde bei den aufgestellten Beziehungen, daß es sich nur um geringe Bewegungen der Stabkette handelt und daß man den hierbei auftretenden Einfluß der Richtungsänderungen der Stabachsen vernachlässigen kann.

β) Die Gelenke (a) werden durch Pendelstäbe (c — a) unterstützt. Diese können entweder als Augenstäbe an einem gemein-

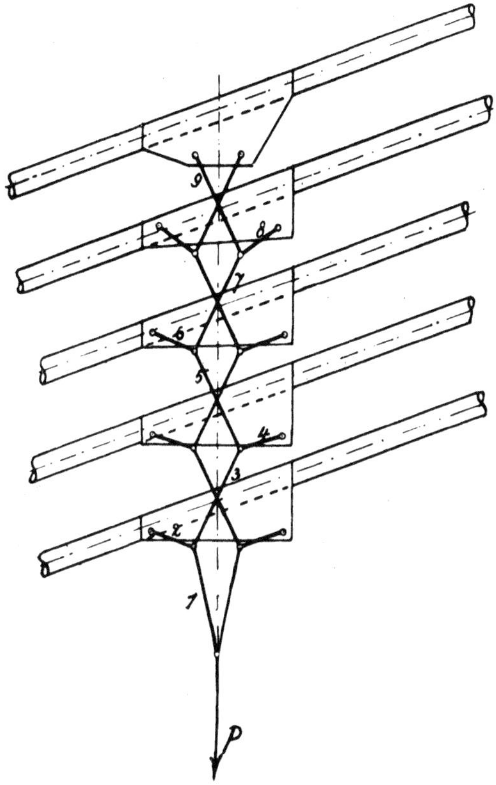

Abb. 43.

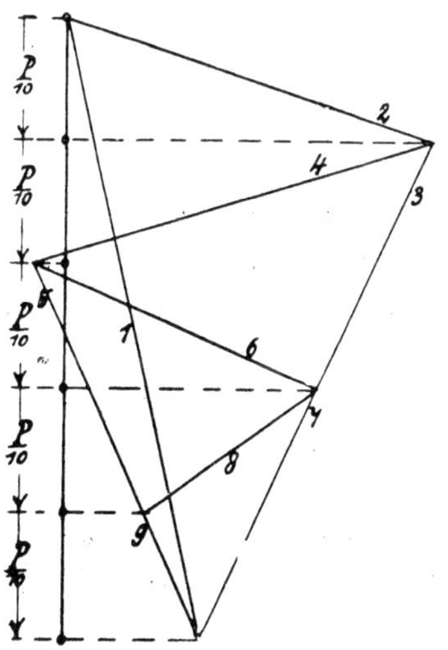

Abb. 44.

samen Mittelbolzen angreifen oder sich als Pendelwalzen gegen entsprechende Stützflächen stützen. Die Anordnung bleibt natürlich statisch bestimmt. Die Richtung der Stützenstäbe muß senkrecht auf den Führungsrichtungen der Anordnung α) stehen, also unter dem Winkel α gegen die Wagerechte geneigt sein.

γ) Die beweglichen Lager bezw. die Gelenkpendel der Ausführungen α) und β) können auch durch Zugstäbe ersetzt werden. Es ergibt sich dann die Anordnung nach Abb. 43. Der zugehörige Kräfteplan ist in Abb. 44 dargestellt.

b) Lastverteilung durch ein über Rollen geführtes Zwischenseil.

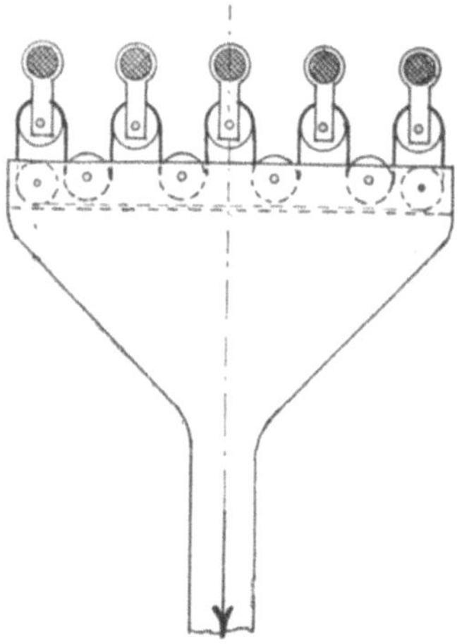

Abb. 45.

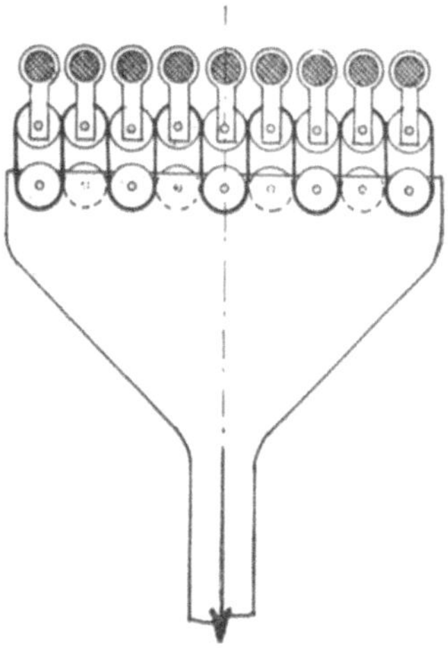

Abb. 46.

Stat. best. Aufhängung mittels eines über Rollen geführten Zwischenseiles.

Die französische Art der Aufhängung der Einzelkabel*) mittels nachstellbarer Bügel (Abb. 2) legt den Gedanken nahe, die steifen Bügel durch ein elastisches Drahtspiralseil zu ersetzen und dieses über Rollen zu führen, von denen die eine Gruppe an den Kabeln, die andere an dem hierzu geeignet aus-

*) In den folgenden Erörterungen sind die Einzelseile des Hängegurts als „Kabel" bezeichnet, um Verwechslungen mit dem „Zwischenseil" auszuschließen.

gebildeten Kopf des Hängestabes befestigt ist. Das Seil führt dann abwechselnd über eine Rolle am Kabel und über eine solche am Kopf der Hängestange. Diese Einrichtung ist schematisch in Abb. 45 dargestellt. In Abb. 46 ist eine Engerstellung der Kabel dadurch ermöglicht, daß der eine Teil der Rollen gegenüber den anderen in einer seitlich etwas verschobenen, vertikalen Ebene liegt.

Untersuchung der Anordnung.

Es sei zuerst das Gleichgewicht von Kräften an einem in sich geschlossenen, beliebig geschlungenen Faden betrachtet. Der Faden soll vollkommen biegsam sein, d. h. jedes Fadenelement ist an das benachbarte mit Hilfe eines reibungslosen Gelenkes angeschlossen gedacht, so daß immer nur Achsenlängskräfte übertragen werden können; außerdem wird die Masse des Fadens

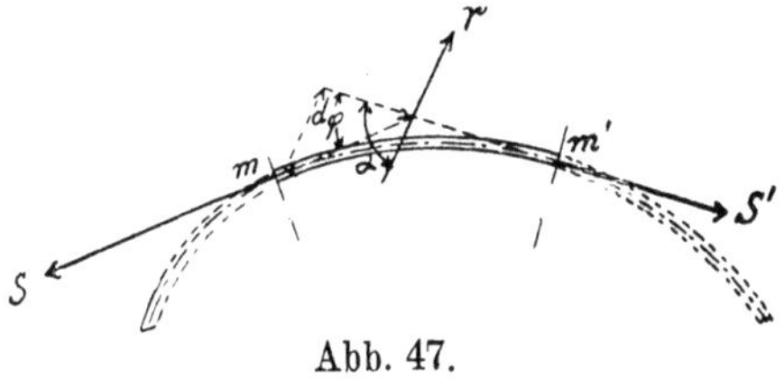

Abb. 47.

als verschwindend klein angenommen. Das ganze Kräftesystem, welches sich entweder in Ruhe oder in Bewegung befinden kann, besteht dann nur aus äußeren und Fadenspannkräften, denn Trägheitskräfte sind wegen Fehlens von Masse ausgeschlossen. Da die Fadenspannkräfte stets in der Verbindungslinie zweier Nachbarpunkte in entgegengesetzter Richtung und gleicher Größe paarweise auftreten, so bilden sie für sich eine Gleichgewichtsgruppe. Demnach sind auch die äußeren Kräfte für sich im Gleichgewicht. Betrachtet man das Gleichgewicht an einem Stück $m m'$ (Abb. 47) des Fadens, so halten sich an ihm die in m wirkende Spannkraft S, die im Nachbarpunkt m' angreifende Spannkraft S' und die äußere Kraft r das Gleichgewicht. Es muß also sein

$$S \cos d\varphi - r \cos \alpha = S'$$

oder

$$dS = S \cos d\varphi - r \cos \alpha - S. \tag{1}$$

Wirkt in a (Abb. 48) die Spannkraft S_0, so findet man die Spannkraft S_m im Punkte m

$$S_m = S_0 + \sum d\,S.$$

Das Summenzeichen erstreckt sich hierbei über das betrachtete Kurvenstück zwischen a und m. Geht man in demselben Sinne auf der Kurve weiter, bis man nach einer vollen Umfahrung wieder auf den Ausgangspunkt a zurückkommt, so geht S_m wieder in die Spannung S_0 über und es gilt auch hier die Beziehung

$$S_0 = S_0 + \sum d\,S, \tag{2}$$

wobei sich das Summenzeichen über die ganze Kurvenlänge erstreckt. Es sei vorausgesetzt, daß der Punkt a kein Brechpunkt (Doppelpunkt im Sinne der Kurventheorie) ist, in dem es zwei verschiedene Fortschrittsrichtungen gibt, in welch letzterem Falle

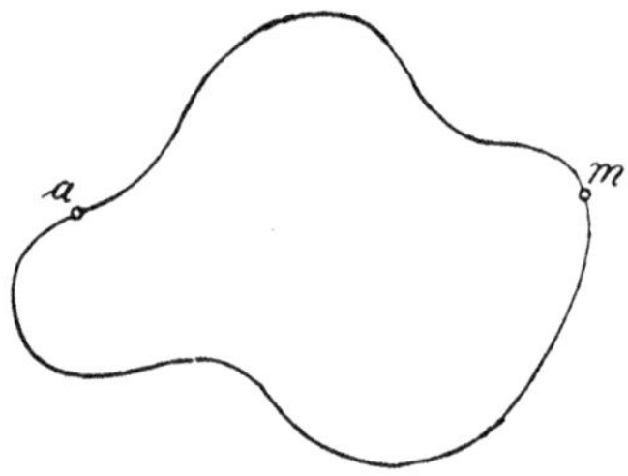

Abb. 48.

der Winkel zwischen den in a angreifenden Spannkräften nicht unendlich klein sein würde. Dann ergibt sich aus Gleichung (2)

$$\sum d\,S = 0$$

oder mit Rücksicht auf Gleichung (1)

$$\sum (S \cos d\varphi - r \cos \alpha - S) = 0$$

oder

$$\sum S (\cos d\varphi - 1) - \sum r \cos \alpha = 0. \tag{3}$$

Nimmt man ebenso wie für den Punkt α für die ganze Kurve an, daß sie in jedem ihrer Punkte nur eine Tagente besitzt, so wird der Winkel $d\varphi$ zwischen zwei Nachbarpunkten überall verschwindend klein und

$$\sum S (\cos d\varphi - 1) = 0.$$

Man erhält also aus Gleichung (3)

$$\sum r \cos \alpha = 0. \tag{4}$$

In Worten: „Halten sich an einem vollständig biegsamen Faden, der nach einer beliebigen, stetig gekrümmten und in sich geschlossenen Kurve, ohne Brechpunkte (Doppelpunkte) zu bilden, geschlungen ist, äußere Kräfte das Gleichgewicht, so ist die algebraische Summe ihrer in Richtung der Kurventangenten genommenen Komponenten gleich Null."

Auf anderem Wege läßt sich die Beziehung (4) leicht mit Hilfe des Satzes der gedachten Verschiebungen beweisen. Denkt man sich nämlich den Faden in seiner Bahn um ein kleines Stück Δs verschoben, so daß jeder Angriffspunkt einer Kraft in Richtung der Tangente an dem Faden um dieses Stück fortschreitet, oder denkt man sich umgekehrt den Faden in Ruhe und alle Angriffspunkte der Kräfte in Richtung der Kurventangente im selben Sinne ein gleiches Stück vorrückend, so ist nach dem Satz der gedachten Verschiebungen für eine Gleichgewichtsgruppe, wenn δ die Verschiebungen genommen in Richtung der Kräfte r sind

$$\sum r\,\delta = \sum r\,\Delta s \cos\alpha = \Delta s \sum r \cos\alpha = 0,$$

und somit, weil Δs von 0 verschieden ist,

$$\sum r \cos\alpha = 0.$$

Die spezielle Form des Fadens, wie sie für die vorgeschlagene Knotenpunktsanordnung in Betracht kommt, setzt sich aus Halbkreisbögen und parallelen geraden Strecken zusammen. Es seien n Einzelkabel und 2n Rollen vorhanden. Für die Untersuchung wird zunächst eine Anordnung nach Abb. 49 angenommen, bei der die Kabel in zwei übereinanderliegenden wagerechten Reihen angeordnet sind. Demnach befinden sich die an den Kabeln befestigten Rollen in den Reihen I—I und II—II und die Rollen an der Hängestange in den Reihen III—III und IV—IV.

Es sollen nun die Vorgänge bei der Hebung einer Rolle a (Abb. 49) betrachtet werden. Dabei wird die Annahme gemacht, daß sich der Hängestangenkopf nur senkrecht verschieben kann. Die angreifenden Kräfte bestehen aus lotrechten äußeren Lasten, welche am Rollenumfang als eine zur Kurve des Zwischenseiles senkrechte Belastung wirken, und aus Widerstandskräften, die tangential an den Seilelementen entgegengesetzt zu deren Bewegungsrichtung angreifen. Vernachlässigt man die Dehnbarkeit des Zwischenseiles, so entspricht einer Hebung der Rolle a um $\varDelta$ s eine Hebung der Knotenlast um $\varDelta s_p = \frac{\varDelta s}{n}$ (denn wenn keine Widerstandskräfte, sondern nur senkrechte Kräfte p auftreten, ist $p \cdot \varDelta s = n p \varDelta s_p$).

Zunächst ist klar, daß bei der Hebung von a von den benachbarten Rollen b und c Seil abgewickelt werden muß mit dem Grenzfall: Rolle b oder c in Ruhe. Denn würde sich z. B. in m_1 (Abb. 49) Seil aufwickeln, so müßten sich, wie ohne

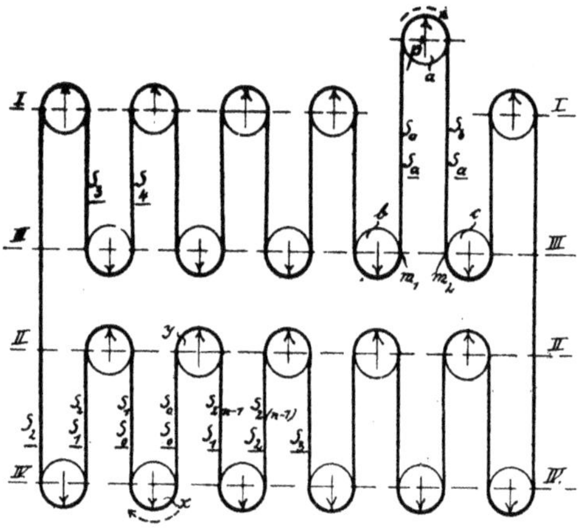

Abb. 49.

weiteres ersichtlich ist, alle Rollen so drehen, daß die tangentialen Widerstandskräfte bezogen auf eine bestimmte Umfahrungsrichtung der Seilkurve sämtlich in gleichem Sinne wirken. Dies würde aber mit der Beziehung (4) in Widerspruch stehen.

Demnach muß es irgendwo in der Seilschlinge, etwa zwischen den Rollen x und y, ein Seilstück geben, von dem aus betrachtet einerseits Seil nach m_1 hin und andererseits nach m_2 hin bewegt wird. Dementsprechend wirkt zwischen x und y die geringste Spannkraft S_0, welche nach beiden Umfahrungsrichtungen des Seiles hin bis zu den Höchstwerten S_a und S_b an der Rolle a ansteigt (s. die nichtunterstrichenen Spannkraftbezeichnungen in Abb. 49). Die an jeder Rolle auftretenden Widerstände ergeben einen Unterschied zwischen der Spannkraft (S_{m+1}) im ziehenden und derjenigen (S_m) im gezogenen Seil. Unter Einführung eines Koeffizienten μ kann man schreiben

$$S_{m+1} = \mu S_m .$$

Nimmt man im vorliegenden Falle den Koeffizienten μ für alle Rollen gleichgroß an, so ergeben sich die Spannkräfte

$$\begin{aligned} S_1 &= \mu S_0 \\ S_2 &= \mu S_1 = \mu^2 S_0 \\ &\vdots \\ S_a &= \mu^r S_0 \end{aligned}$$

Hierbei bezeichnet r die Anzahl der bewegten Rollen einerseits zwischen S_0 und S_a. Ist s die Anzahl der bewegten Rollen auf dem anderen Seilstück, so ergibt sich ebenso

$$S_a = \mu^s S_0$$

wenn $S_a = S_{max}$. Daraus folgt

$$r = s$$

Es ist dann nur folgender Zustand möglich:

Die Rollen x und a drehen sich bei der Hebung nicht. Zwischen ihnen sind an jedem der beiderseitigen Seilstücke (n — 1) Rollen vorhanden. Die Spannkraftverteilung ist so wie in Abb. 49 unterstrichen angegeben.

Eine andere Möglichkeit ist ausgeschlossen, denn würde sich z. B. $S_0 = S_{min}$ zwischen x und y befinden und die Rolle x einen Drehsinn nach der gestrichelt angegebenen Richtung haben, so müßte sich, weil in m_1 mehr Seil abgewickelt wird als in m_2, Rolle a in der beigeschriebenen Pfeilrichtung drehen. Diesem Drehsinn widerspricht aber die aus der Gleichung r = s folgende Forderung, daß $S_a = S_{max}$ zwischen den Rollen b und a liegt.

Demnach ist

$$S_a = \mu^{n-1} S_0 . \qquad (5)$$

Unbekannt sind nun ferner:

p′ d i. die größte Belastung irgend eines Einzelkabels (z. B. an der Rolle a) unter Berücksichtigung der bei Drehung der Rollen auftretenden Widerstände.

p d. i. die Belastung eines Kabels bei derselben aber gleichmäßig verteilten Knotenlast.

P d. i. die an der Hängestange wirkende Gesamtknotenlast.

Es muß dann sein

$$P = n\,p = \sum p' \tag{6}$$

und ferner nach Gleichung (5) und Abb. 51

$$p' = 2\,S_a = 2\,\mu^{n-1}\,S_0\,. \tag{7}$$

Weiter ist

$$\begin{aligned} P &= 2\,(S_0 + S_1 + S_2 + \cdots + S_a) \\ &= 2\,S_0\,(1 + \mu + \mu^2 + \cdots + \mu^{n-1}) \\ &= 2\,S_0\,\frac{\mu^n - 1}{\mu - 1}\,. \end{aligned} \tag{8}$$

Aus Gleichung (6), (7), (8) ergibt sich

$$\frac{p'}{p} = n \cdot \frac{\mu^{n-1}(\mu - 1)}{\mu^n - 1} = n \cdot \frac{1 - \frac{1}{\mu}}{1 - \frac{1}{\mu^n}}. \tag{9)*}$$

Die Richtigkeit von Gleichung (9) bestätigt sich an folgenden Sonderfällen:

1. Sind keine Bewegungswiderstände vorhanden, so ist

$$\mu = 1$$

und weil

$$\frac{\mu^n - 1}{\mu - 1} = 1 + \mu + \mu^2 + \cdots + \mu^{n-1} = n\,.$$

erhält man

$$\mathbf{p' = p}\,.$$

2. Für

$$\mu = \infty$$

---

*) Man kann die Anordnung auch als die Verbindung zweier Lastrollenzüge auffassen, wie die „Hütte" solche beschreibt.[45a]) Die daselbst angegebene Formel

$$\frac{P}{Q} = x^n\,\frac{x - 1}{x^{n+1} - 1}$$

stimmt mit Gleichung (9) überein. Man hat nur zu setzen: p′ für P; np für Q; μ für x; n − 1 für n.

d. h. wenn sich die Rollen nicht drehen können, ergibt Gleichung (9)

$$\mathbf{p}' = \mathbf{n} \cdot \mathbf{p} = \mathbf{P} .$$

Dies ist der analytische Ausdruck dafür, daß bei starrer Knotenpunktsanordnung ein Einzelkabel, welches bestrebt ist, eine höhere Lage einzunehmen als die übrigen, mit der vollen Knotenlast belastet werden kann.

3. Für das Vorhandensein nur eines Kabels, wenn also

$$n = 1$$

ist, ergibt sich richtig

$$\mathbf{p}' = \mathbf{p} = \mathbf{P} .$$

4. Ist

$$n = \infty ,$$

so erhält man

$$\frac{\mathbf{p}'}{\mathbf{p}} = \infty$$

und

$$\mathbf{p} = \frac{\mathbf{P}}{\mathbf{n}} = \mathbf{0} .$$

Diesen Fall könnte man sich also so denken, daß eine unendlich große Anzahl unendlich dünner Tragseile beweglich im Knoten verbunden ist. Die Belastung eines Seiles würde dann den Durchschnittswert $p = 0$ und den unbestimmten Höchstwert $p' = 0 \cdot \infty$ aufweisen.

Der Koeffizient μ wird durch den Zapfenreibungswiderstand und den Seilbiegungswiderstand beeinflußt. Für ersteren ergibt sich nach Ritter[27a])

$$S_{m+1} = S_m \frac{1 + f\dfrac{d}{D}}{1 - f\dfrac{d}{D}} .$$

Hierin bedeutet

f den Zapfenreibungskoeffizienten,
d den Durchmesser des Zapfens,
D den Durchmesser der Rolle.

Die zur Überwindung des Seilbiegungswiderstandes nötige

Zugkraft ist nach Redtenbacher [27b]) $26\frac{\delta^2}{D}\cdot S_m$, wobei δ die Seildicke in m und D den Rollendurchmesser in m bedeutet. C. Bach [51c]) gibt für diese Zugkraft $\frac{100}{8}$ bis $\frac{100}{4}\cdot\frac{\delta^2}{D}\cdot S_m$ an. (Maßeinheit: Meter.) Es ergibt sich also

$$\mu = \frac{S_{m+1}}{S_m} = \frac{1+f\frac{d}{D}}{1-f\frac{d}{D}} + 26\frac{\delta^2}{D}.$$

Aus Gleichung (9) folgt, daß bei der besprochenen Knoten-

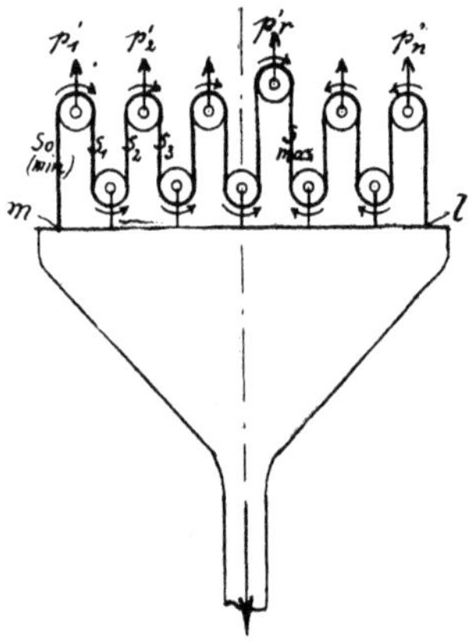

Abb. 50.

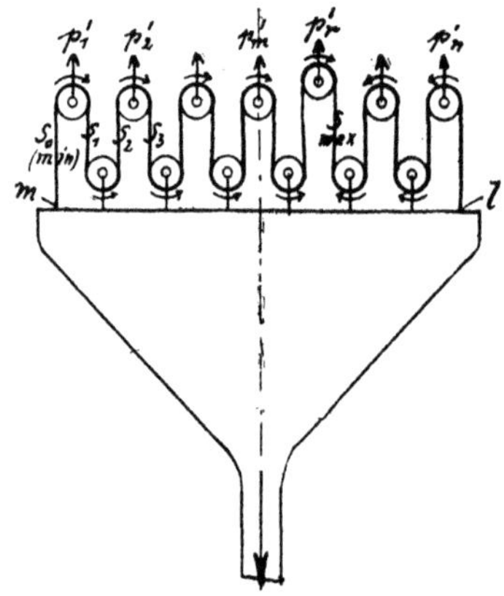

Abb. 51.

punktsanordnung das Verhältnis $\frac{p'}{p}$ für eine bestimmte Knotenlast konstant, d. h. unabhängig von der Lage des Einzelkabels in der Gruppe ist. Es soll nun die Anordnung Abb. 50, 51, betrachtet werden, bei welcher das Zwischenseil in den Endpunkten m und l am Kopf der Hängestange befestigt ist. Man sieht ohne weiteres, daß sich die kleinste Spannkraft S_0 immer an einem dieser Punkte entwickeln muß. Es sei nun das vom linken Eckpunkt m aus gezählt r-te Kabel betrachtet. Liegt das Kabel rechts von der Mitte aus, ist also für gerades n

$$r \geqq \frac{n+2}{2}$$

und für ungerades n

$$r \geqq \frac{n+3}{2}.$$

so bildet sich die größte Spannkraft an der rechten Seite der Rolle am r-ten Kabel aus, denn über letztere bewegt sich das Zwischenseil in gleichem Sinne wie über die links gelegenen (s. die in Abb. 50 und 51 angegebenen Pfeile). Die geringste Spannkraft S_0 liegt demgemäß am linken Eckpunkt m. Die Belastungen der Einzelkabel sind

$$\begin{aligned} p_1' &= S_0 (1+\mu) \\ p_2' &= S_0 \mu^2 (1+\mu) \\ p_3' &= S_0 \mu^4 (1+\mu) \\ &\vdots \\ p_r' &= S_0 \mu^{2(r-1)} (1+\mu) \end{aligned} \tag{10}$$

Ferner erhält man

$$\begin{aligned} P = \sum p' = n p = S_0 \, & (1 + \mu + \mu^2 + \mu^3 + \cdots + \mu^{2r-1} \\ & + \mu^{2r-2} + \cdots + \mu^{4r-2n-1}) \\ = S_0 & \left(\frac{\mu^{2r}-1}{\mu-1} + \frac{\mu^{2r-1}-1}{\mu-1} - \frac{\mu^{4r-2n-1}-1}{\mu-1} \right) \\ = S_0 & \frac{\mu^{2r}+\mu^{2r-1}-\mu^{4r-2n-1}-1}{\mu-1}. \end{aligned} \tag{11}$$

Aus Gleichung (10) und (11) ergibt sich

$$\begin{aligned} \frac{p_r'}{p} &= n \cdot \frac{\mu^{2(r-1)}(\mu+1)(\mu-1)}{\mu^{2r}+\mu^{2r-1}-\mu^{4r-2n-1}-1} \\ &= n \cdot \frac{\mu^{2r}-\mu^{2(r-1)}}{\mu^{2r}+\mu^{2r-1}-\mu^{4r-2n-1}-1}. \end{aligned}$$

Die Division mit μ^{2r} ergibt

$$\frac{p_r'}{p} = n \cdot \frac{1-\frac{1}{\mu^2}}{1-\frac{1}{\mu^{2r}}+\frac{1}{\mu}-\frac{1}{\mu^{2(n-r)+1}}}. \tag{12}$$

Für $r = n$, d. h. für das am weitesten rechts gelegene Kabel ergibt Gleichung (12)

$$\frac{p_n'}{p} = n \cdot \frac{1-\frac{1}{\mu^2}}{1-\frac{1}{\mu^{2n}}}. \tag{13}$$

Bei einer ungeraden Anzahl n erhält man für das mittlere Kabel nach Gleichung (9)

$$\frac{p^{m'}}{p} = n \frac{1 - \frac{1}{\mu}}{1 - \frac{1}{\mu^n}}. \tag{14}$$

Beispiel für die Anwendung der Gleichungen (10), (12), (13), (14).

Werte von p′ für

$$\mu = 1{,}2;\ n = 7\ \text{(Abb. 51)};\ P = 100^t;\ p = \frac{P}{n} = 14{,}3^t.$$

Nummer des Einzelkabels	Im Aufsteigen befindet sich das 4. (mittlere) Kabel t	5. Kabel t	7. (äußere) Kabel t
1.	8,52	5,60	3,71
2.	12,26	8,05	5,35
3.	17,66	11,60	7,70
4.	**23,12**	16,71	11,10
5.	17,66	**24,07**	15,98
6.	12,26	20,05	23,01
7.	8,52	13,92	**33,15**
Σ	100,00	100,00	100,00

Aus den Gleichungen (12), (13), (14) und dem vorstehenden Beispiel geht hervor, daß bei der Ausbildungsweise die Lage des Einzelkabels nicht beliebig ist. Die größte Mehrbelastung können die Randkabel erhalten, von ihnen nimmt nach der Mitte zu das Verhältnis $\frac{p'}{p}$ bis zu einem Werte ab, der bei dem Mittelkabel gleich demjenigen bei Verwendung eines Zwischenseiles ohne Ende (Abb. 46, 49) ist. Die letztere Anordnung ist also günstiger. Im obigen Beispiel ergibt sie

$$\frac{p'}{p} = \frac{23{,}12}{14{,}3} = 1{,}61,$$

hingegen liefert die Anordnung nach Abb. 49 einen Größtwert

$$\frac{p'}{p} = \frac{33{,}15}{14{,}3} = 2{,}32.$$

Es wäre also falsch, das Seil wie in Abb. 48 und 49 in den Punkten m und I enden zu lassen, sondern man führt zweckmäßig, wie in Abb. 45 gestrichelt angedeutet, die Enden über Rollen und verbindet sie. Der Widerstand an jeder der beiden Rollen, an denen das Seil um je 90^{0} abgelenkt wird, kann gleich dem Widerstand einer Rolle mit einer Ablenkung um 180^{0} angenommen werden.

Beispiel.

Anwendung der Ausbildung nach Abb. 45 für eine Knotenlast von 106 t und eine Kabelspannkraft von 4172 t (s. Entwurf „Alaaf Colonia", Köln).[60a])

Das Kabel muß die Bruchbelastung von 12516 t bei dreifacher Sicherheit tragen können. Nimmt man 14 einzelne Tragseile an, so muß ein jedes rund 900 t Bruchfestigkeit besitzen. Nach der S. 34 angegebenen Regel ist dann der Querschnitt

$$\frac{900000}{130} \cdot 1{,}14 = 7892 \text{ mm}^2$$

und der Durchmesser rund 100 mm. Ordnet man die Einzelkabel paarweise an, so ist $n = 7$ und die auf jedes Paar zu übertragende Einzellast $\frac{106}{7} = 15{,}1^{t}$. Bei Anwendung von 4 nebeneinandergelegten Zwischenseilen erhält jedes eine Spannkraft von $\frac{15{,}1}{8} = 1{,}89^{t}$. Es sei folgendes Seil (nach C. Bach[51d]) gewählt:

Zugfestigkeit 200 kg/mm²,
222 Drähte, Stärke $\delta_1 = 0{,}5$ mm,
Durchmesser des Seiles $\delta = 11$ mm,
zulässiger Aufwicklungsdurchmesser 130 mm,
Bruchbelastung 8100 kg,
zulässige Zugbeanspruchung bei dreifacher Sicherheit

$$\frac{200}{3} = 66{,}3 \text{ kg/mm}^2.$$

Außerdem wurde angenommen: $D = 170$ mm; $\frac{d}{D} \leq \frac{1}{4}$,

Spannung im gebogenen Spiralseil nach Bach[38a])

$$\sigma = \frac{S}{\frac{i\pi\delta_1^2}{4}} + \frac{3}{8} E \frac{\delta_1}{D}$$

$$= \frac{1890}{\frac{222 \cdot 3{,}14 \cdot 0{,}5^2}{4}} + 7500 \frac{0{,}5}{170} = \text{rd. } 65 \text{ kg/mm}^2$$

Der Zapfenreibungskoeffizient wird gewählt zu

$$f = 0{,}33.^{*)}$$

Nach S. 84 ist

$$\mu = \frac{1 + f\frac{d}{D}}{1 - f\frac{d}{D}} + 26\frac{\delta^2}{D} = \frac{1 + 0{,}33 \cdot 0{,}25}{1 - 0{,}33 \cdot 0{,}25} + 26\frac{0{,}011^2}{0{,}17}$$

$$= 1{,}179 + 0{,}019 = 1{,}198.$$

Gleichung (9) ergibt dann

$$\frac{p'}{p} = 7 \cdot \frac{1 - \frac{1}{1{,}198}}{1 - \frac{1}{1{,}198^7}} = 7 \cdot \frac{0{,}1653}{0{,}7177} = \mathbf{1{,}61}.$$

c) Lastverteilung durch eine Hebelverbindung.

Denkt man sich anstatt des Zwischenseiles eine Kette, und vorausgesetzt, daß es sich nur um sehr kleine Bewegungen handelt, an Stelle der gradlinigen Kettenstücke zwischen den Rollen starre Stäbe, ferner anstatt der Rollen selbst gleicharmige Hebel (Abb. 52), so entsteht eine mehrfache Hebelverbindung, wie in Abb. 53 a, b angedeutet. Sie kann entweder zur Übertragung von Zug (Abb. 53 a) oder Druck (Abb. 53 b) dienen Einer Bewegung der ganzen Verbindung wirken die Reibungs-

---

*) Handb. d. Ing.-Wiss. 1906 II. Bd. 5. Abt.[47]) S. 383: Für ein Kämpfergelenk ohne Schmierung $f_0 = 0{,}323 - 0{,}216$. — Handb. d. Ing.-Wiss. 1909 II. Teil 3. Bd. S. 59: Im Mittel $f_0 = 0{,}2$, zu empfehlen $f_0 = 0{,}25 - 0{,}3$. — Bach, Maschinenelemente[51]) S. 497: Für einen Umschlingungswinkel $\varphi_0 = \frac{\pi}{4}$ ist der Zapfenreibungskoeffizient $f = 1{,}11\, f_0$. Demnach gewählt: $f = 1{,}11 \cdot 0{,}3 = \mathbf{0{,}33}$.

widerstände in den Gelenken entgegen. Bei der gewöhnlichen Ausbildung von Gelenken als Zapfen bezw. Bolzen-gelenke ist die Reibung eine g l e i t e n d e. Dient die Anordnung zur Übertragung von Druckkräften, so können für die als sehr gering vorausgesetzte Beweglichkeit die Zwischenstäbe als Pendelstützen (Flachwalzen oder dgl.[50a]) und die Hebel als Pendelhebel mit einer Kipplagerung im Unterstützungspunkte ausgebildet werden. Infolgedessen gehen die Gelenke über in Kipplager oder Wälzgelenke[47h] und bei der Bewegung tritt die r o l l e n d e Reibung auf.[27c] [28a] [45b] Außerdem ließen sich die Gelenke noch

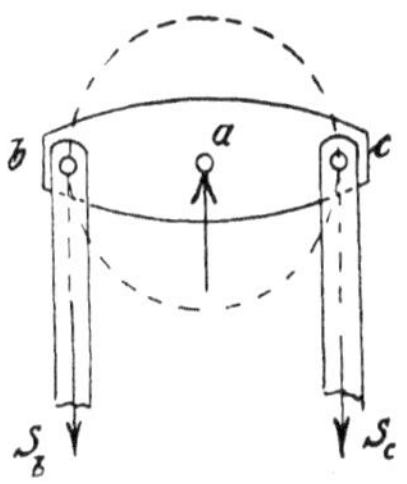

Abb. 52.

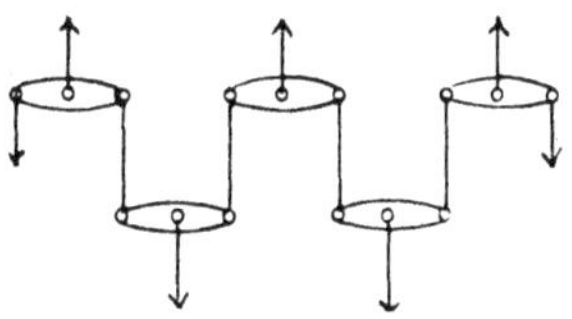

Abb. 53 a.

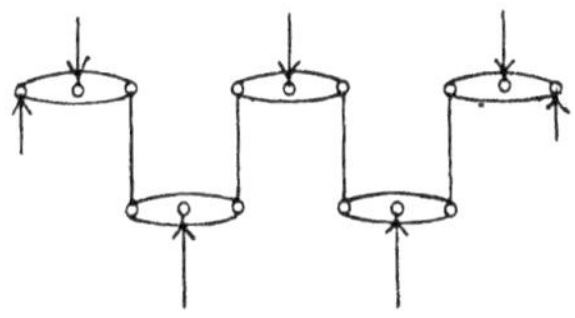

Abb. 53 b.

als Schneidenlager[51f] ausbilden. C. Bach bezeichnet hierfür eine Belastung von 2000 kg auf das Zentimeter Schneidenlänge als noch zulässig, so daß sich für einen Druck von beispielsweise 40 t die konstruktiv mögliche Hebelbreite von 20 cm ergeben würde.

Da unter den gemachten Voraussetzungen dieselbe Zwangläufigkeit der Bewegung besteht, wie bei der Anordnung mit Rollen und Zwischenseil, so behalten die Gleichungen (9) und (13) Geltung, mit deren Hilfe die infolge von Reibungswiderständen mögliche Höchstbelastung eines Einzelseiles zu ermitteln war. Es bleibt nur noch der Koeffizient μ zu bestimmen. Bei der rollenden Bewegung*) weicht nach Keck[28a]) die Rresultierende N aller Stützendrücke um die Entfernung e von der Senkrechten durch den Schwerpunkt ab (Abb. 54). Das Maß e ergab sich aus Versuchen für Stahl auf Stahl zu 0,0005 m. Sind also die Stützpunkte eines Hebels als Kipplager ausgeführt, so weichen von ihnen die Stützkräfte, unter der Voraussetzung, daß diese lotrecht gerichtet bleiben, in der in Abb. 55 angegebenen Weise

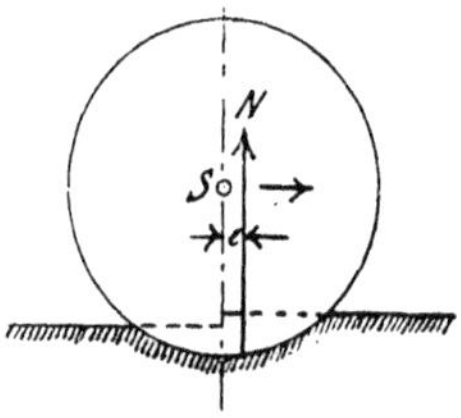

Abb. 54.

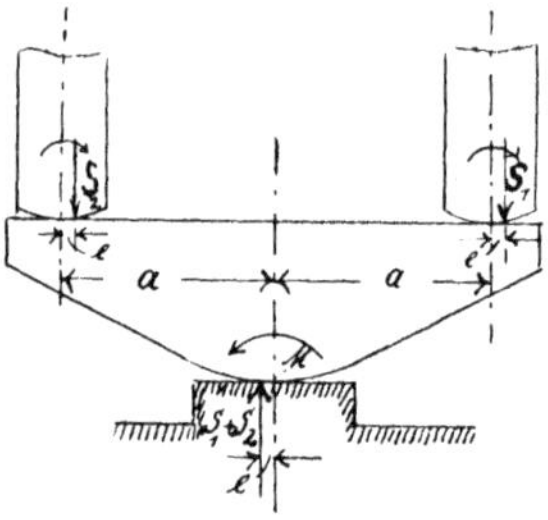

Abb. 55.

bei der daselbst angenommenen Drehrichtung ab. Die Momentengleichung bezogen auf den Punkt M lautet:

$$S_2 (a - e) - (S_1 + S_2) e - S_1 (a + e) = 0.$$

---

*) Im Handb. d. Ingen.-Wiss. II. Teil 3. Bd. 4. Aufl. 1909 S. 60 ist der Widerstand an Rollenlagern eiserner Brücken falsch angegeben. Dort ist gesagt, der Widerstand verdoppele sich dadurch, daß die Rollen zwischen 2 Platten laufen. Dieser an sich richtige Umstand wird aber wieder dadurch ausgeglichen, daß W nicht im Schwerpunkt, sondern am Rollenumfang angreift. Infolgedessen ist zu setzen:

$$W = \frac{2A \cdot \frac{2\varkappa}{d}}{2} = \frac{2\varkappa}{d} \cdot A = \frac{0{,}001}{d} \cdot A$$

(s. Ritter[27c]), Keck[28a]), Hütte[45b])).

Mithin ist:

$$S_2 = S_1 \frac{a + 2e}{a - 2e},$$

d. h.

$$\mu = \frac{a + 2e}{a - 2e}.$$

Beispiel für die Anordnung:
Knotenpunkt für 400 t Knotenlast und ein Kabel von 63000 t Bruchfestigkeit (Abb. 56—59)*)
(9 einzelne Seilbündel von je 7 Seilen, Bruchfestigkeit eines Seiles 1000 t, Durchmesser 104 mm).

Der Hebelarm wurde mit a = 150 mm angenommen. Demnach erhält man

*) Der Hängegurt bei dem für Sydney vorgelegten Entwurf der M. A. N. besaß eine Gesamtbruchfestigkeit von $72 \cdot 850 = 61200^t$. Es sei nun ein Bauwerk mit ähnlichen Abmessungen $\left(l = 548{,}64 \text{ m}; \frac{f}{l} = \frac{1}{10}\right)$ und Belastungen als Beispiel angenommen. Als Spiralseile sollen 63 Stück von je 1000 t Bruchfestigkeit gewählt werden, die in 9 Bündeln zu je 7 angeordnet sind. Bei dreifacher Sicherheit kann dann die größte Spannkraft in jedem Seil (Eigengewicht g = 64 kg/m)

$$T_{max} = \text{rd. } 333^t$$

betragen. Die entsprechende wagerechte Belastung der Längeneinheit beträgt $\Big($s. Gleichung (29) S. 11 im Handb.[47]), wenn man setzt: $F \cdot s = T_{max}$, $\frac{\gamma \cdot F}{10} = g$, $\sec\tau = \sqrt{1 + \frac{16 f^2}{l^2}}$, $q_0 + \frac{f}{6} g = q\Big)$

$$q = \frac{T_{max} - g\left(\frac{l^2}{8f} + \frac{1}{6} f\right)\sqrt{1 + \frac{16 f^2}{l^2}}}{\frac{l^2}{8f}\sqrt{1 + \frac{16 f^2}{l^2}}}$$

$$= \frac{333 - 0{,}064\left(\frac{10 \cdot 548{,}64}{8} + \frac{54{,}8}{6}\right)\sqrt{1 + \frac{16}{100}}}{\frac{10 \cdot 548{,}64}{8}\sqrt{1 + \frac{16}{100}}} = 0{,}385^t.$$

Das gibt eine Knotenbelastung bei 16,6 m Feldweite

für das Einzelseil: $16{,}6 \cdot 0{,}385 = \sim 6{,}4^t$

„ „ Seilbündel: $7 \cdot 6{,}4 = \sim 44{,}8^t$

„ „ Gesamtkabel: $63 \cdot 6{,}4 = \sim 400^t$.

Knotenpunkt mit statisch bestimmter Lastverteilung für 400 t Knotenlast und ein Kabel von 63000 t Bruchfestigkeit. (9 Bündel von je 7 Spiralseilen.)

Gesamtanordnung.

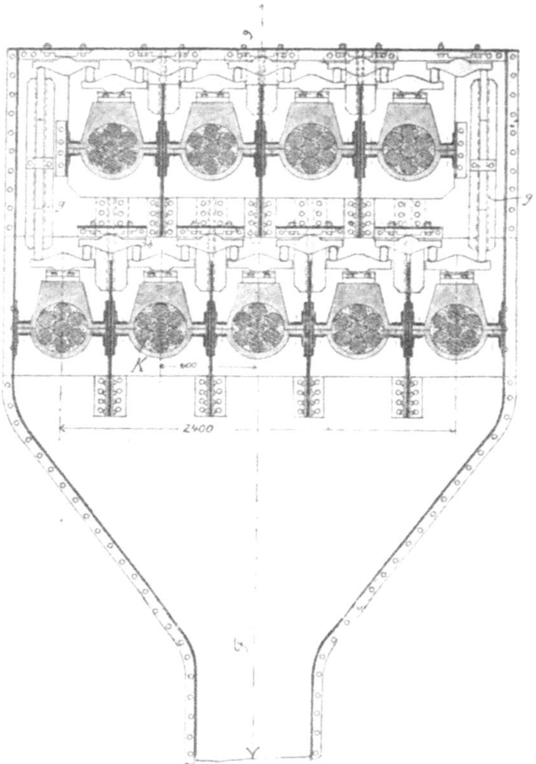

Abb. 56. Schnitt D—E.

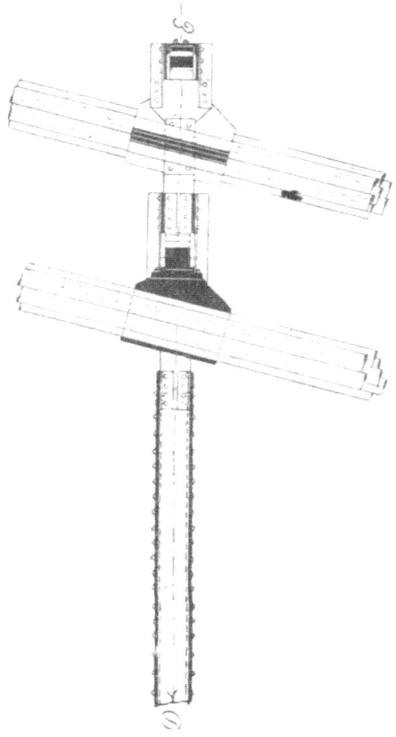

Abb. 57. Schnitt F—G.

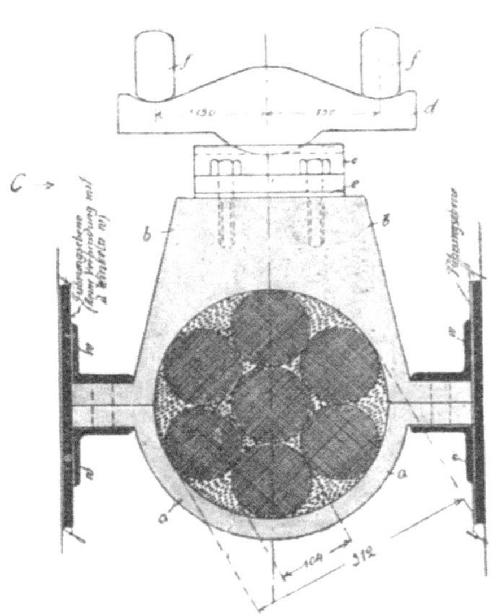

Abb. 58. Schnitt A—B.

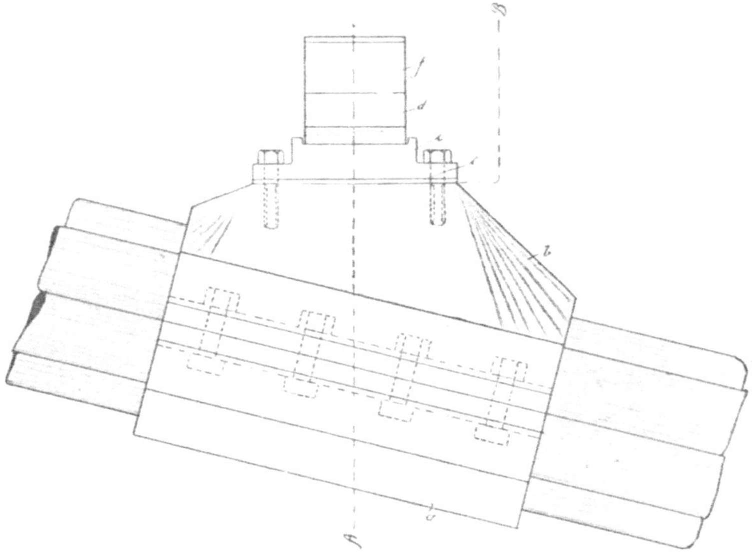

Abb. 59. Ansicht von C aus.

$$\mu = \frac{0{,}15 + 2 \cdot 0{,}0005}{0{,}15 - 2 \cdot 0{,}0005} = 1{,}013\,.$$

Nach Gleichung (9) ergibt sich

$$\frac{p'}{p} = n \cdot \frac{1 - \frac{1}{\mu}}{1 - \frac{1}{\mu^n}} = q \cdot \frac{1 - \frac{1}{1{,}013}}{1 - \frac{1}{1{,}013^9}} = \mathbf{1{,}063}\,.$$

Beschreibung der Konstruktion.

Jedes Bündel wird von einer zweiteiligen Stahlgußzwinge umfaßt. Seitliche Flanschen dienen einer Verschraubung, durch welche die beiden Teile der Zwinge fest und unverrückbar gegen das Bündel gepreßt werden. Die inneren Zwischenräume zwischen den sieben Einzelseilen eines Bündels werden durch mit Mennige getränktes Hanfwerk ausgefüllt und die äußeren Zwischenräume wischen Bündel und Zwingen mit einer Metallegierung ausgegossen, mit welcher auch die Kabelköpfe vergossen werden.[60b]) Der untere Zwingenteil a (Abb. 58 u. 59) ist normal und für alle Knotenpunkte gleich ausgebildet. Der obere Teil b ist dazu bestimmt, die Unterschiede der Kabelneigung gegen die Lotrechte, welche zwischen den einzelnen Knoten bestehen, auszugleichen. (Bei einem großen Teil aller ausgeführten und geplanten Hängebrücken einschl. der 3 Eastriverbrücken weisen die Knotenpunkte Konstruktionsteile auf, die für verschiedene Kabelneigung verschieden ausgebildet sind.) Zu diesem Zwecke besitzt Teil b oben eine ebene Fläche, auf welche die Lagerplatte c für den gleicharmigen, pendelnden Hebel d aufgeschraubt ist. Eine Unterlegscheibe e kann zur Höhenregelung und Wagerechtstellung benützt werden. Zwischen die Hebel sind Pendelstützen f gestellt.

Die Gesamtanordnung zeigen Abb. 56 u. 57. Die 9 Seilbündel sind in 2 wagerechten Reihen angeordnet. Der Kopf der Hängestange verbreitert sich oben zu einer Rahmenkonstruktion. Zwischen den Bündeln verlaufende senkrechte Platten dienen einerseits zur Aufnahme von Zugkräften, andererseits besitzen sie Führungsflächen (f—f, Abb. 58), welche durch die seitlichen, mit Hilfe von Winkeln w verbreiterten Flanschen der Kabelzwingen geführt werden. Hierdurch ist eine Gleichgewichtsstörung (etwa infolge Umkippens sämtlicher senkrechter Pendel) ausgeschlossen. Die Druckübertragung zwischen dem Rahmen und den Seilbündeln vermittelten die schon besprochenen, gleich ausgebildeten Pendelhebel und die Pendelstützen. Letztere gleichen sich untereinander bis auf die beiden seitlichen Pendelstützen (g, Abb. 56), welche Teildrücke zwischen der oberen und unteren Bündelreihe vermitteln und bewirken, daß nicht nur innerhalb einer Reihe, sondern für alle 9 Bündel die Einzelbelastungen den gleichen Teil $\left(\frac{P}{9}\right)$ der Gesamtknotenlast betragen müssen. Mit Ausnahme des oberen Zwingenteiles sind sämtliche festen und beweglichen Konstruktionsteile der Knotenpunktsanordnung einschließlich des Rahmens für alle Knotenpunkte gleich, was für eine möglichste Verminderung der Herstellungskosten wichtig ist. Durch die Beschreibung einer konstruktiven Ausbildung für die in diesem Abschnitt angegebene Art der Lastverteilung soll in der Hauptsache nur bewiesen werden, daß die Konstruktion praktisch möglich ist. Es sind daher alle Einzelheiten, die nicht wesentlich sind, weggelassen worden. So ist z. B. ohne weiteres klar, wie man ein Seilbündel durch Festkeilen der benachbarten Hebel bequem auswechseln kann. Ferner wird man durch Dorne einem Verrutschen der Hebel vorbeugen und für alle Fälle die Beweglichkeit begrenzen, indem sich die Hebel bei einer bestimmten Verdrehung an hierzu vorgesehene Anschläge anlegen. Geschieht dies bei 2 benachbarten Hebeln und senkt sich das zwischenliegende Bündel K (Abb. 56) infolge außergewöhnlicher Temperaturunterschiede noch weiter, so könnte ein Herausfallen der beiden senkrechten Stützen eintreten. Dies muß in geeigneter Weise durch konstruktive Maßnahmen verhindert bezw. dafür gesorgt werden, daß die richtige Stützung dann wieder eintritt, wenn sich das Bündel wieder der normalen Lage nähert.

d) Lastverteilung durch ein quergespanntes Zwischenseil.

Man kann auch das Seileck zur Lastverteilung benützen, wenn man es so legt, daß die in seinen Eckpunkten angreifenden, gleichweit voneinander entfernten Einzellasten gleichgroß sein müssen. Dies ist dann der Fall, wenn die Eckpunkte auf einer Parabel (Abb. 60a) liegen. Ist p die Belastung, a der gegenseitige Abstand, n die Anzahl der Einzelkabel, f die Pfeilhöhe und l die Stützweite der Parabel, so ergeben sich nach Konstruktion der Parabel die Spannkräfte des Zwischenseiles graphisch aus dem Kräfteplan, Abb. 60b. Rechnerisch erhält man die größte Seilspannkraft zu

$$S = \sqrt{H^2 + A'^2}.$$

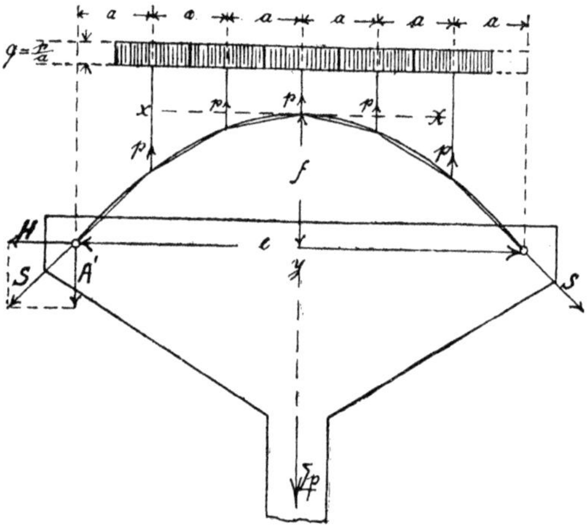

Abb. 60a.

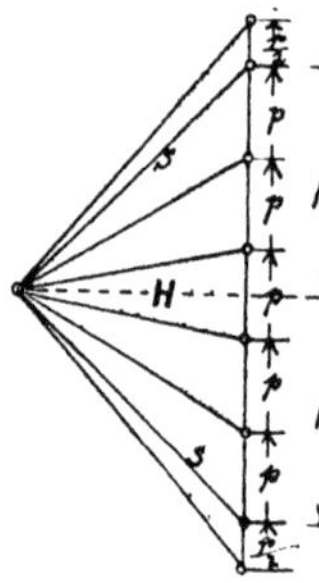

Abb. 60b.

Nun ist
$$H = \frac{q l^2}{8 f}.$$

Ferner

$$q = \frac{p}{a};$$

$$l = (n + 1) a$$

$$H = \frac{(n + 1) p}{8} \cdot \frac{l}{f}$$

$$A' = \frac{q \cdot l}{2}\left(1 - \frac{1}{n + 1}\right).$$

Mithin

$$S = \frac{q \cdot l^2}{8 f} \sqrt{1 + \left(\frac{4 f}{l}\right)^2 \left(1 - \frac{1}{n + 1}\right)^2}$$

$$S = \frac{(n+1)p}{8} \cdot \frac{l}{f} \sqrt{1 + \left(\frac{4f}{l}\right)^2 \left(1 - \frac{1}{n+1}\right)^2}.$$

S ist also bestimmt durch die Anzahl n der Einzeltragseile, die Belastung p für jedes Einzeltragseil und das Pfeilverhältnis $\frac{f}{l}$ des quergespannten Seiles. Der Ausdruck für S geht bei gleichmäßig verteilter Belastung, also wenn

$$(n+1)p = q \cdot l$$

und

$$\frac{1}{n+1} = 0$$

ist, richtig über in

$$S = \frac{q l^2}{8 f} \sqrt{1 + \left(\frac{4f}{l}\right)^2}.$$

Die Gleichung der Parabel, von der das Seileck ein Sehnenvieleck darstellt, lautet mit Bezug auf das in Abb. 60a eingeschriebene Achsenkreuz [37d]) X, Y

$$y = \frac{4f}{l^2} \cdot x^2.$$

Die Anordnung kann insofern als eine Abänderung der französischen Art der Aufhängung (Abb. 2) angesehen werden, als an Stelle der nachstellbaren Bügel Stäbe vorhanden sind, die man mit dem darunter befindlichen wagrechten Steg nicht direkt, sondern in der beschriebenen Weise durch ein quergespanntes Seil oder eine Stabkette verbindet.

11. Beurteilung der unter Abs. 10a—d beschriebenen Anordnungen.

Alle natürlichen Baustoffe besitzen die Eigenschaft der Formänderung unter der Einwirkung von Kräften und der Temperatur. Infolge von Änderungen dieser Einflüsse führen daher unsere Baukonstruktionen, wenn auch kleine, Bewegungen aus und es bleibt in jedem Falle zu entscheiden, ob mit Rücksicht hierauf besondere konstruktive Maßnahmen zu treffen sind. Ist der Einfluß der aus den Bewegungswiderständen sich ergebenden Spannungen gering bezw. günstig oder verursacht er verhältnismäßig geringere Kosten als besondere, diese Spannungen verhindernde Konstruktionen, so wird man von letzteren absehen können. Ihre jeweilige Anwendung wird also entschieden durch die Forderung der notwendigen S i c h e r h e i t und möglichst g e r i n g e r K o s t e n. Bedingen diese Umstände nicht notwendig bewegliche Anordnungen, so sind diese in jedem Falle besser durch feste zu ersetzen, denn die praktische Grundregel der Brückenbaukunst (mit Ausnahme der beweglichen Brücken u. dgl.) verlangt eben möglichst feste, unerschütterliche Bauwerke.

Prüft man an Hand der eben ausgesprochenen Grundsätze derartige Anordnungen, welche bei Kabelbrücken die gleichmäßige Lastverteilung in den Knotenpunkten auch bei kleinen gegenseitigen Bewegungen der Einzelseile gewährleisten sollen, so ist es schwer, die Frage nach ihrer Berechtigung zu entscheiden. Sie ist zu verneinen, sobald einwandfrei nachgewiesen werden kann, daß ein starrer Knotenpunkt, ohne wesentlich höhere Kosten zu verursachen, dieselbe Gewähr für die Sicherheit der Konstruktion bietet. Für die Entscheidung der Frage dürfte auch maßgebend sein, daß mit Rücksicht auf die vielen in der Einleitung berührten Unglücksfälle infolge von Einstürzen älterer Drahtkabelbrücken ganz besonders umfangreiche Maßnahmen angebracht erscheinen, um auch diejenigen Kreise von der Sicherheit der Kabelbrücke mit Spiralseilen zu überzeugen, welchen die Bewilligung und Vergebung des Baues obliegt. Ferner ließe sich anführen, daß eine statisch bestimmte Verteilung der Knotenlast die Vorkehrungen, die sonst bei der Montage zwecks genau gleicher Anspannung der Einzelseile zu treffen sind, vereinfacht oder überhaupt größtenteils überflüssig macht.

Während gegenüber der richtigen Verwendung e i n e s zweiarmigen Hebels kaum Einwendungen zu erheben sind (s. Schwebefähre Kiel), so können solche berechtigt sein gegenüber den mehrfachen Hebelverbindungen mit der Begründung, daß sie ihrem Wesen nach eher für Maschinen- als für feste Brückenkonstruktionen Verwendung finden sollten. Für die Anwendung nicht unvorteilhaft erscheint die Verbindung von nur gezogenen Stäben, also die Stabkette, wie sie in Abs. 10a behandelt worden ist. Man kann wohl sagen, daß diejenige Ausbildung im Vergleich zu der starren im Vorteil ist, welche ebenso einfache Verbindungsmittel benützt, die sie aber gleichzeitig noch so anordnet, daß dadurch eine annähernd richtige Lastverteilung jederzeit gewährleistet wird. Augenstäbe und Bolzenverbindungen sind als einfache Verbindungsmittel anzusehen, sie finden auf dem Gebiete der eisernen Ingenieurbauten in ausgedehntem Maße Verwendung. Es ist gezeigt worden, wie man auch den Einfluß der Reibung auf die Größe der Einzelbelastungen berücksichtigen und durch geeignete Anordnung begrenzen kann. Sollte die An-

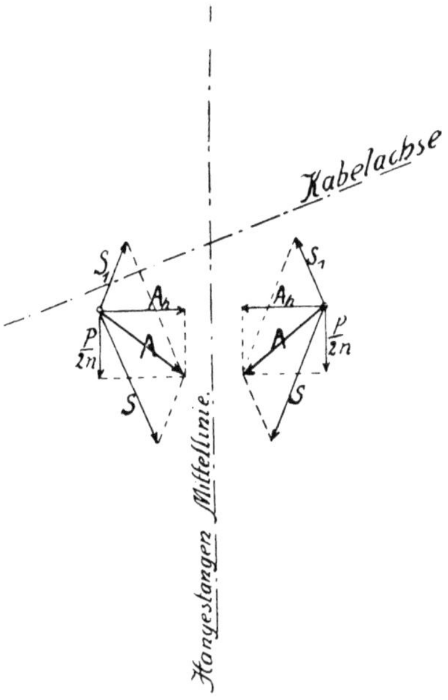

Abb. 61.

ordnung der beweglichen Führung der Gelenke konstruktive Schwierigkeiten bereiten, so können diese bei einer Ausbildung wie unter β) und γ) vermieden werden.

Nachteile der Anordnung bestehen darin, daß sie auf die Kabelschellen bezw. diejenigen Teile, welche direkt auf den Kabeln aufliegen, schräggerichtete Kräfte (A, Abb. 61) überträgt. Diese ergeben mit ihren wagrechten Komponenten (A_h) eine ungünstige Beanspruchung der Schellen und dadurch einen besonderen Materialmehraufwand.

Demnach ist ein abschließendes Urteil über diese Art der Aufhängung erst nach eingehender Untersuchung in konstruktiver Beziehung zu fällen, was aber außerhalb des Rahmens dieser Arbeit liegen würde.

Die in Abs. 10 b behandelte Anordnung mit einem über Rollen geführten Zwischenseil erscheint zwar theoretisch einfach, praktisch wird sie aber durch die Steifigkeit stärkerer Spiralseile in Frage gestellt. Außerdem gilt für die Rollen das S. 98 mit Bezug auf Hebelverbindungen Gesagte. Ein Beispiel (s. S. 87 f.), welches an Hand eines Kölner Wettbewerbsentwurfes berechnet wurde, ergab die Verwendung von vier nebeneinanderliegenden, besonders biegsamen Drahtseilen, also eine sehr umständliche Anordnung. Danach ist zu sagen, daß eine derartige Knotenpunktsausbildung praktisch verfehlt sein würde. Ihre theoretische Behandlung, die auf die Reibungswiderstände Rücksicht nimmt, erscheint deshalb nicht unwesentlich, weil sie für kleine Bewegungen Schlüsse auf entsprechend angeordnete Hebelverbindungen zuläßt.

Von letzteren handelt Abs. 10 c. Dort ist das Beispiel für die konstruktive Ausbildung einer druckübertragenden Hebelverbindung beschrieben worden. Es wurde bereits gesagt, daß bewegliche Knotenpunktsanordnungen nicht ohne weiteres von der Verwendung auszuschließen sind, und daß sie sich an ausgeführten Hängebrücken und Entwürfen vorfinden. Bewegliche Konstruktionsteile im allgemeinen sind bekanntlich in vielen Fällen nicht zu umgehen und in Gestalt beweglicher Lager bei fast allen Brückenbauten vertreten. Erwähnt sei auch, daß Lindenthal, einer der bedeutendsten Brückenbauingenieure unserer Zeit, bei seinem Northriverbrückenprojekt in den Türmen bewegliche, kniehebelartige Verbindungen zwischen dem oberen und unteren Kabel vorsieht, wodurch die in diesen wirkenden Spannkräfte in ihrem gegenseitigen Verhältnis geregelt werden sollen.

Sollen nun Spiraldrahtseile für Hängebrücken verwendet werden, deren Abmessungen bedeutend größer sind als die bislang erbauten mit gleicher Kabelausbildung — also z. B. für eine Eisenbahn- und Straßenbrücke von über 500 m Spannweite, wie sie in Sydney geplant war —, so kann die Ausführbarkeit zu einer Frage einwandfreier Knotenpunktsausbildung werden. In der Besprechung des Kölner Wettbewerbs heißt es[60c]): „Es unterliegt wohl keinem Zweifel, daß die Vielteiligkeit der beim Wettbewerb vorgeschlagenen Kabel — worüber auch die statische Berechnung Aufschluß gibt — zu Bedenken Veranlassung geben muß“. Bei starrer Knotenpunktsausbildung sucht man durch bestimmte Vorkehrungen bei der Montage die gleiche Belastung der Einzelseile zu bewirken, wodurch sie aber kaum für den dauernden Betrieb der Brücke als völlig gesichert anzusehen ist.

Nach diesen Gesichtspunkten könnte eine Anordnung wie die für 400 t Knotenlast S. 91 f. beschriebene der Erwägung wert sein. Sie würde innerhalb der Grenzen ihrer Beweglichkeit dauernd eine fast vollständig gleichmäßige Lastverteilung bewirken, also eine besondere Gewähr für die Sicherheit des Kabels bieten. Bei einer starren Knotenpunktsanordnung kann das unregelmäßige Verhalten eines Einzelbündels zu erheblichen Überbeanspruchungen führen, während für die bewegliche Ausbildung eine Mehrbelastung von höchstens 6,3 % auf das Bündel berechnet wurde.

Es war eine Hängebrücke von 548,6 m Spannweite und 54,86 m Pfeilhöhe, also ein Pfeilverhältnis von 1 : 10 angenommen worden. Die Länge des parabelförmigen Hängebogens zwischen den Türmen ist dann[45c])

$$s = \frac{l^2}{8\,f}\left\{\frac{4\,f}{l}\sqrt{1+\frac{16\,f^2}{l^2}} + \ln\left(\frac{4\,f}{l}+\sqrt{1+\frac{16\,f^2}{l^2}}\right)\right\}.$$

Senkt sich z. B. ein Bündel infolge Temperaturerhöhung bei gleichbleibender Belastung um 3 cm, so entsprechen den Pfeilhöhen von

$$f_1 = 54{,}86 \text{ m}$$
$$f_2 = 54{,}89 \text{ „}$$

Längen von

$$s_1 = 685{,}75\,\{0{,}4 \cdot 1{,}077\,033 + 0{,}390\,035\} = 562{,}896 \text{ m}$$

$$s_2 = 685{,}375\,\{0{,}400\,219 \cdot 1{,}077\,114 + 0{,}390\,239\} = 562{,}912 \text{ m}.$$

Dem Längenunterschied von

$$s_2 - s_1 = 0{,}016 \text{ m}$$

entspricht ein Temperaturunterschied von

$$\frac{0{,}016 \cdot 10^6}{562{,}896 \cdot 11{,}34} = 2{,}5\,^0\,\mathrm{C}.*)$$

Hieraus ist zu ersehen, wie Temperaturunterschiede den Durchhang von Seilen beeinflussen, wenn ihre Bewegung widerstandslos vor sich ginge und die Stützpunkte auf den Türmen fest angenommen werden. Die Spannkraft der Seile ist proportional der gleichmäßig verteilten Belastung, sie wächst also mit dieser bis zum Eintritt der Bewegung (nach oben) gegenüber der Gesamtgruppe in dem vorliegenden Beispiel um 6,3 %. Nimmt man an, daß für normalen Verkehr die Spannung im Seil 30 kg/mm² beträgt, so kann sie demnach um $0{,}063 \times 30 = 1{,}89$ kg/mm² anwachsen. Dies entspricht einem Temperaturunterschied von

$$t = \frac{\sigma}{E \cdot \alpha_w}(1 - \alpha_w \cdot t)$$

$$t = \frac{\sigma}{\alpha_w \cdot (E + \sigma)} = \frac{1{,}89 \cdot 10^6}{11{,}34\,(18\,000 + 1{,}89)} \cong 9{,}2\,^0\,\mathrm{C}.*)$$

Es zeigt sich also, daß der Temperaturunterschied in den Einzelbündeln schon ziemlich hoch sein kann, ehe er eine gegenseitige Bewegung verursacht, oder daß umgekehrt, wenn man diese verhindert, die Spannungsunterschiede geringe bleiben (9,2 ⁰ C entsprechend 1,9 kg/mm² Spannungszunahme). Da die Wirkung von Temperaturunterschieden gering ist und sich rechnerisch genau verfolgen läßt, weil ferner größere Unterschiede nur durch direkte Sonnenbestrahlung möglich und durch eine Überdachung zu vermeiden sind, so läßt sich die Beweglichkeit der Pendelhebel auf den Zustand gleichmäßig über den gesamten Kabelquerschnitt verteilter Temperatur beschränken. Man kann demnach die früher• erwähnten) Anlageflächen so einrichten, daß die Hebelenden nur Wege von wenigen Millimetern beschreiben. Dann verliert die

---

*) Nach C. Bach [51g]) ist der Wärmeausdehnungskoeffizient für Flußstahl

$$\alpha_w = (11{,}181 + 0{,}00526\,t) \cdot 10^{-6}.$$

Das gibt für

$$t \leq 30^0$$

$$\alpha_w = \mathrm{rd} \cdot 11{,}34 \cdot 10^{-6}.$$

Anordnung auch vollständig den Charakter der Maschinenkonstruktion, um so mehr als Pendelstützen bezw. Walzen oder dergl. auf dem Gebiete der Eisenkonstruktionen ausgedehnte Verwendung finden. Zweckmäßig wird man, nachdem der Bau der Brücke vollendet ist, Unregelmäßigkeiten in der Stellung der beweglichen Teile wieder beseitigen, was durch Einsetzen entsprechend starker Unterlegscheiben unter die Lagerplatten leicht möglich ist. Steht dann die Brücke im Betrieb, so belehrt jede einfache Besichtigung, welche bei trübem Wetter vorgenommen wird und sich nur auf die Knotenpunkte im und nahe dem Scheitel zu erstrecken braucht, darüber, ob die Einzelbündel noch gleich belastet sind. Dieser Kontrolle kommt aber keine besondere Wichtigkeit zu, denn wenn sie unterbleibt und wenn sich einzelne Hebel festlegen sollten, so ist von da ab die Lastverteilung immer noch ebenso gut als bei starrer Knotenpunktsanordnung. Nachteilig ist die Verwendung von Teilen, welche auf Biegung beansprucht werden, und das dadurch bedingte Mehrgewicht gegenüber der einfachen Aufhängung an normalen Seilschellen.

Die in Abs. 10 d beschriebene Art der Aufhängung hat den Nachteil, daß der Kopf der Hängestange auf Druck durch die Bogenkraft des Zwischenseiles (H, Abb. 60 a) und auf Biegung (durch das Moment der Kraft A′) beansprucht wird, wodurch sich gegenüber der französischen Aufhängungsart ein Mehrgewicht ergibt. Demgegenüber ist als Vorteil zu nennen, daß die Aufhängung mit Hilfe einer in der Querträgerebene in Seileckform ausgespannten Kette oder eines Seiles eine sehr einfache und dem Brückenbau selbst entlehnte Konstruktion darstellt. Dabei sichert sie in richtiger Lage die gleiche Belastung der Einzelseile und bewirkt, daß letztere kleine Abweichungen in der Höhenlage annehmen können, ohne überbeansprucht oder vollständig entlastet zu werden, wie dies bei der französischen Anordnung denkbar ist. Treten im Laufe des Betriebes solche Verschiebungen in der Höhenlage einzelner Seile gegenüber der Gesamtgruppe ein, so braucht man nur die Länge der betreffenden Zugstäbe zwischen Kabelschelle und Aufhängung so lange zu verändern, bis die Eckpunkte des Querseiles wieder auf der vorgeschriebenen Parabel liegen. Bei der französischen Anordnung kann man im gleichen Falle die Schraubenmuttern der Bügel verstellen, bleibt aber dabei vollständig im unklaren, wie groß die hierdurch bewirkte Be- oder Entlastung ist. Auch die Auswechslung eines Einzelkabels ist einfach und kann so geschehen, daß man den betreffenden Eckpunkt des Querseiles gegen den Kopf der Hängestange abstützt. Dadurch wird das Einzelseil und sein Anschlußstab entlastet und kann weggenommen werden.

12. Kabel aus Spiralseilen mit starrer Knotenpunktsanordnung.

Werden die Knotenpunkte eines Kabels starr angeordnet, so ergibt sich die Spannungsverteilung im Querschnitt aus der Bedingung, daß die Formänderung jeder Längsfaser dem Elastizitätsgesetz unterworfen ist. Setzt sich also das Kabel aus n Strängen vom Querschnitt F zusammen, so gilt für irgendein beliebiges Seilstück zwischen zwei Knotenpunkten innerhalb der Proportionalitätsgrenze das Hooksche Gesetz

$$\frac{S}{F} = \frac{E \cdot \Delta s}{s}.$$

Hierin bedeutet E das Dehnungsmaß des Stranges, s die Länge der Seileckseite, welche durch die Achse des Stranges gebildet wird, und Δs deren Dehnung infolge der Spannkraft S.

Die Forderung, daß alle Stränge eines Feldes gleiche Spannkraft S erhalten, wird dann nach obiger Elastizitätsgleichung unter folgenden Bedingungen erfüllt sein:

1. Die Querschnitte der Einzelstränge müssen gleichgroß sein. Diese Bedingung läßt sich ohne weiteres erfüllen.
2. Die Dehnungsmaße E aller Einzelstränge müssen einander gleich sein. Aus dem Absatz über das Dehnungsmaß der Spiralseile ging hervor, daß die Dehnungslinien einen krummlinigen Verlauf nehmen. Sie müßten sich nun für alle Einzelstränge decken, tatsächlich werden aber Abweichungen eintreten, und zwar größere als bei Zugstäben von ungeteiltem Querschnitt. Denn während bei letzteren

die Gestalt der Dehnungslinie nur bestimmt wird durch die Eigenschaften des Materials, treten bei Spiralseilen noch andere, in der Konstruktion begründete Umstände, wie Flechtwinkel, Querschnittsform, Anzahl der Einzeldrähte usw. als mögliche Fehlerquellen hinzu. Solange also nicht an Hand zahlreicher Dehnungsversuche mit Brückenseilen bewiesen ist, daß die unvermeidlichen Ungleichheiten im elastischen Verhalten der Einzelstränge nur geringe Spannungsunterschiede veranlassen, sind in dieser Beziehung Bedenken gegen das mehrteilige Kabel mit starrer Knotenpunktsanordnung berechtigt.

3. Die Dehnungen $\frac{\Delta s}{s}$ der Längeneinheit entsprechender Seileckseiten müssen gleichgroß sein. Dieser Forderung genügen am besten die Kabel aus parallelen, dicht aneinandergelegten Spiralseilen. Bei ihnen läßt die an den Berührungsflächen wirkende Reibung, welche infolge Zusammenpressung durch die Zwingen verursacht wird und durch eine straffe Umwickelung des Kabels auf seiner ganzen Länge noch erhöht werden kann, gleiche Längenänderungen der Einzelstränge erwarten. Hingegen ist bei der Verwendung von Seilen mit gegenseitigem Abstand für das vielteilige Kabel, wenn der starre Knotenpunkt nach deutscher oder französischer Art (S. 55 f.) angeordnet wird, irgend welche Gewähr für die Erfüllung der in Rede stehenden Forderung nicht gegeben. Nach Ansicht des Verfassers wäre es besser, die deutsche Anordnung anders zu gestalten, indem man nämlich sowohl die Längen s als auch die Längenänderungen Δs aller Stränge eines Feldes gleich zu machen sucht. Die Seilecke, welche die Achsen der parallelen Stränge bilden, werden dann kongruent, und die Ebenen, von denen jede die Eckpunkte der zu einem Knoten gehörenden Seileckseiten enthält, sind parallel. Da man die Mittelebene, in welcher die Hängestangenkräfte am Scheitel wirken, lotrecht stellen wird, so müssen alle Knotenpunktsebenen — streng genommen einschließlich derjenigen, in denen

die Unterstützungspunkte auf den Türmen und an den Verankerungsstellen liegen — lotrecht sein. Die Bedingung, daß alle Längenänderungen Δs eines Feldes gleich groß sind, ist dadurch zu erreichen, daß man den Knotenpunkt zu einem starren Körper ausbildet, und daß man diesen zwingt, bei Längenänderungen des Kabels nur Schiebungen in Richtung der Hängestabachse auszuführen, denn dann müssen nach der Formänderung alle Längen entsprechender Seileckseiten wiederum gleich sein, also auch die Werte $\frac{\Delta s}{s}$. Dies ist zu erreichen, indem man die Hängestange nicht — wie bei den erwähnten Anordnungen deutscher Art des Kölner Wett-

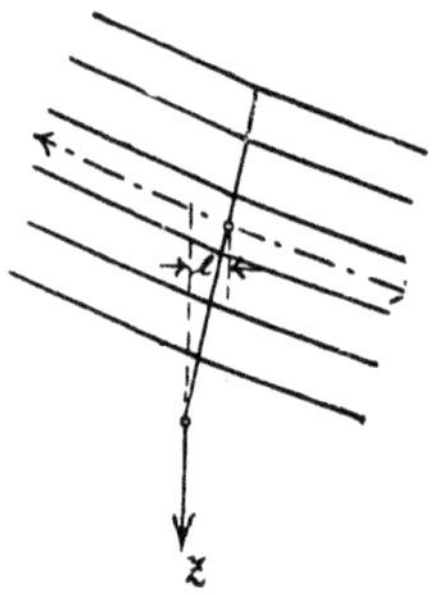

Abb. 62.

bewerbs — in mittler Höhe, sondern unten an den Knotenpunktskörper anschließt. In diesem Falle wirkt, wenn die Ebene des Knotenpunkts bestrebt sein sollte, sich schief zu stellen (Abb. 62), dem das Moment $(Z \cdot e)$ der Hängestangenkraft entgegen. Es ergibt sich demnach eine Knotenpunktsausbildung, wie sie schematisch Abb. 63 a, b darstellt. Im Prinzip ist die Anordnung die gleiche, wie sie die Lindenthalsche Kabelkette (Abb. 21) für das Northriverprojekt aufweist, bei der auch alle Kettenglieder zwischen zwei Knotenpunkten bei paralleler Lage gleiche Länge haben und mit den Mittelpunkten ihrer Anschlußglieder in parallelen lotrechten Ebenen liegen.

Den genau gleichen Durchhang aller Seile und eine gleichmäßige Anfangsspannung sucht man durch Verstellen der Seilköpfe mit Hilfe von Schrauben und Wasserdruckpressen zu bewirken.[60d])

Das Kabel aus dicht zusammengelegten Seilen, welches nach dem Gesagten eine gute Spannungsverteilung im Querschnitt erwarten läßt, besitzt den Hauptnachteil, daß seine Seile nicht einzeln auszuwechseln sind, ohne das ganze Kabel außer Betrieb zu setzen. Auswechselbarkeit wird aber gerade zumeist als erste Bedingung bei der Verwendung von Spiralseilen verlangt, und zwar auf Grund der aus der Geschichte der Drahtkabelbrücken gewonnenen Erfahrungen (s. Einleitung § 1). Ungünstig sind ferner die verhältnismäßig großen Hohlräume zwischen

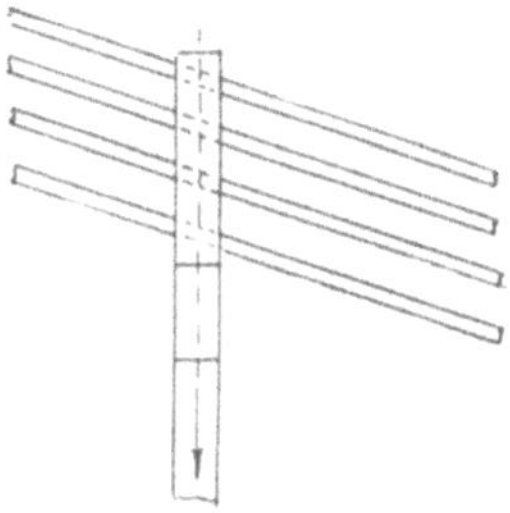

Abb. 63a.

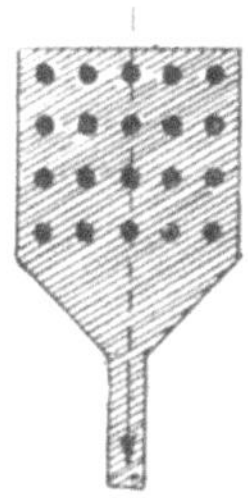

Abb. 63b.

Starre Knotenpunktsanordnung.

den Seilen, welche durch besondere Einlagen, z. B. durch mit Mennige getränktes Hanfwerk[60b]) ausgefüllt werden müssen. Für die Verwendung in Frage kommen könnte ein solches Kabel für die größten, überhaupt erreichbaren Spannweiten von Hängebrücken, weil man dann Bedenken haben kann, ob das Aushängen vieler einzelner Drähte noch mit der notwendigen Genauigkeit möglich ist.*)

Die starren Knotenpunktsanordnungen nach

*) Die von amerikanischen Ingenieuren gegen das Morisonsche Kabel (s. S. 53) aus 253 Spiralseilen erhobenen Einwände richteten sich u. a. gegen die Seilkopfverankerung, gegen die Teilung der Kabel über den Türmen und den Preis. Lindenthal veranschlagte seine fertig ausgehängte Kabelkette mit 840 Mk. und Morison seine Spiralseilkabel mit 1300 Mk. pro Tonne.

deutscher und französischer Art gestatten das Auswechseln einzelner Seile. Die erstere ist noch nicht praktisch angewendet worden. Die französische Anordnung ist hingegen bei einer ganzen Reihe von Kabelbrücken, die zum Teil Spannweiten über 200 m besitzen, angewendet (s. Tab. II). Ein Vorzug der Anordnung besteht darin, daß die Einzelseile nur in lotrechtem Sinne starr mit der Hängestange verbunden, im übrigen aber voneinander unabhängig sind. Infolgedessen ist es möglich, ein Seil auszuwechseln oder nachzuspannen, ohne die übrigen zu berühren und ohne den Verkehr auf der Brücke einzuschränken.

Vielleicht wäre es zweckmäßig, zum Tragen für normale Belastung zwischen jeden Bügel und den an der Hängestange befestigten wagerechten Querarm (H) entsprechend Abb. 64 einen

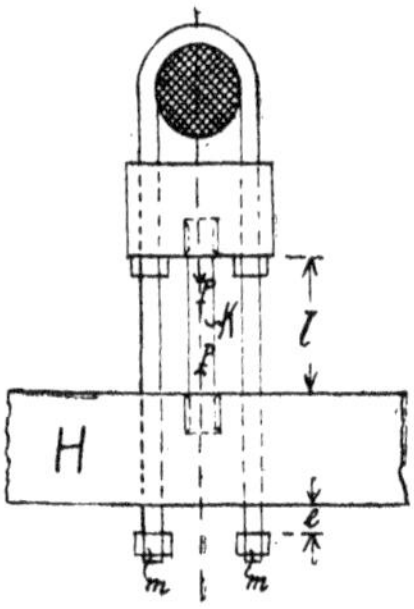

Abb. 64.

Zugstab K einzuschalten, welcher das Überschreiten einer bestimmten Höchstbelastung des Seiles anzeigt, bezw. eine solche nicht erst eintreten läßt. Ist nämlich die zugelassene normale Höchstbelastung (P) z. B. $\frac{1}{3}$ der Bruchbelastung (3 P), so könnte der Körper K (mit dem Querschnitt F und der Zugfestigkeit k_z) nur mit zweifacher Sicherheit bemessen sein, also

$$F \cdot k_z = 2 P .$$

Weiterhin müßte der Abstand e der Muttern m vom Querarm H etwas geringer sein als die Bruchdehnung des Stabes K. Wenn sich also die Belastung der Grenze 2 P, bei der die Sicherheit gegen Bruchbelastung noch eine $\frac{3}{2} = 1{,}5$fache wäre, nähert, steigt das Einzelseil um das Stück e aus der Gesamtgruppe auf und die Muttern m legen sich an den Querarm H. Für den Körper K wäre naturgemäß möglichst weiches Eisen zu verwenden.

Man könnte (Anm. *) für letzteren geglühtes Flußeisen von 34 kg/mm² Festigkeit annehmen und eine Spannung von 17 kg/mm² zulassen, wobei man weit genug unterhalb der Streckgrenze bleibt. e wäre etwa zu $\frac{20}{100}l$ anzunehmen. Da nach dem S. 102 Gesagten kein großer Einfluß von Temperaturunterschieden zu erwarten ist und die zulässige Belastung für die Seile eine so hohe Verkehrsbelastung vorauszusetzen pflegt, wie sie in der Regel niemals eintritt, so ist nicht zu befürchten, daß die Aufhängung zu leicht bleibenden Formänderungen unterworfen sein kann. Ihr wirklicher Sicherheitsgrad entspricht natürlich der Tragfähigkeit der Bügel und ist genau so groß wie bei der gebräuchlichen Anordnung mit direkter Aufhängung an diesen.

§ 4.

Erwägungen über das Paralleldrahtkabel.

13. Maßgebende Gesichtspunkte für Herstellung und Weiterentwicklung des Paralleldrahtkabels.

Das nach amerikanischer Art hergestellte Kabel aus parallelen Drähten hat seine Brauchbarkeit an den größten be-

*) Anm.: Z. B. gibt C. Bach[46a]) für drei Rundstäbe bestehend aus ausgeglühtem Flußeisenmaterial folgende Versuchswerte an:

	Stab I	Stab II	Stab III
Durchmesser des mittl. zyl. Teiles	2,495 cm	2,60 cm	Abmessungen und Untersuchung wie bei Stab II
Querschnitt . . .	4,89 cm²	5,31 cm²	
Untere Streckgrenze**) . . .	20,04 kg/mm²	18,95 kg/mm²	20,75 kg/mm²
Zugfestigkeit . .	34,87 kg/mm²	35,78 kg/mm²	36,67 kg/mm²
Bruchdehnung . .	$100 \cdot \frac{323{,}7 - 250}{250} = 29{,}5\,\%$	31,9 %	33,8 %

**) Die bei der Dehnung zuerst eintretende Streckgrenze liegt höher.

stehenden Hängebrücken bewiesen. Auch für kleinere, weniger stark belastete Bauwerke wird es vielfach für die beste Ausbildungsweise des Hängebogens gehalten, wie die Entwürfe 1, 7 Tab. III des Kölner Wettbewerbes zeigen. Seine Hauptvorzüge gegenüber dem Spiralseilkabel liegen in der geringeren Dehnbarkeit, dem geringeren Verbrauch an Drahtmaterial, der größeren Festigkeit und der Vermeidung größerer Hohlräume im Kabelinneren.

Allerdings ist die Herstellung mit mancherlei Schwierigkeiten verbunden. Wenn sie von den amerikanischen Fachleuten überwunden werden, ist dies auf den hohen Stand amerikanischer Ingenieurkunst, auf die Verwendung bestens geschulter Arbeiter und vorzüglicher Hilfsmaschinen zurückzuführen. Es ist und bleibt aber eine schwierige Aufgabe, an Ort und Stelle unter freiem Himmel Zehntausende von Einzeldrähten auszuspannen und zu regeln. Daher bleibt möglicherweise für die größten erreichbaren Spannweiten das Luftspinnverfahren nicht mehr anwendbar. Die in dieser Richtung bestehenden Bedenken veranlaßten z. B. Lindenthal zum Vorschlag seiner Drahtkabelkette.

Das Herumbiegen der Drähte um die Litzenschuhe ist zweifellos mit bleibenden Formänderungen verbunden, es müßte sich, weil die Fasern eines Drahtes an der Verankerung ungleich gedehnt werden, hier eine geringere Festigkeit ergeben. Ist, wie die amerikanischen Ingenieure annehmen, die Festigkeit an der Verankerung ebenso groß wie in den übrigen Teilen des Kabels, so läßt sich dieser Umstand nur durch den Einfluß der Reibung erklären, welche an der Innenseite der einzelnen Drahtbiegungen auftritt.

Ob das Zusammendrücken des fertig zusammengelegten Kabels aus der sechseckigen in die kreisförmige Umrißform mit Hilfe der erwähnten starken Pressen nicht als eine etwas gewaltsame Maßregel anzusehen ist, mag dahingestellt bleiben.

Es bleibt die Frage offen, ob und in welcher Richtung wohl eine Weiterentwicklung des Paralleldrahtkabels zu erwarten ist. Ein Rückblick auf die geschichtliche Entwicklung zeigt, daß seine heutige Vervollkommnung mehr durch eine Verbesserung des Materiales, der Arbeitsmethoden und der

Hilfsgeräte, weniger aber durch ein Abweichen von den alten Grundprinzipien des Zusammenfügens der Drähte zum Kabel erreicht worden ist. Schon die Seile der ältesten französischen Drahtbrücken, deren Herstellung nunmehr fast ein Jahrhundert zurückliegt, wurden durch Zusammenlegen von vielen Windungen eines Drahtes gebildet, und die Schleifenenden dienten zur Verankerung, ganz ähnlich wie bei den Litzen der modernen amerikanischen Kabel. Eine Anregung für das Luftspinnverfahren ist bereits vor 80 Jahren gegeben worden (s. S. 42), und alle wesentlichen Merkmale der modernen, amerikanischen Herstellungsweise finden sich in der Hildenbrandschen Schrift[18])

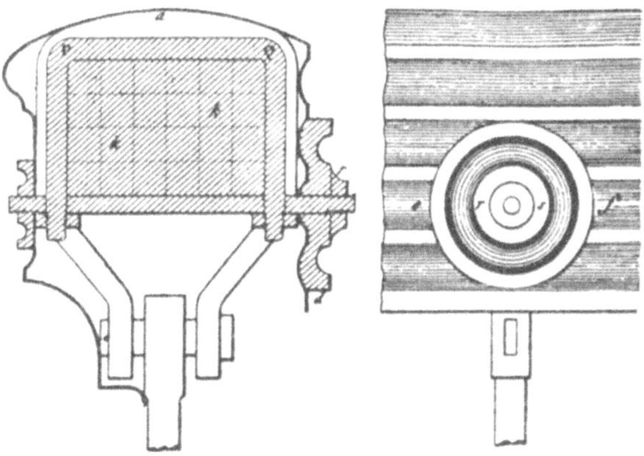

Abb. 65.
Paralleldrahtkabel mit rechteckigem Querschnitt nach Vicat. 1834.

verzeichnet, sie sind demnach seit etwa 40 Jahren bekannt. Von jeher war die runde Form der Seile, Litzen und Kabel ausschließlich in Gebrauch. Sie bietet eine gute Gewähr für eine möglichst richtige Lage der Drähte in der Litze bezw. der Litzen im Kabel, indem um einen Kern herum die Drähte oder Litzen in verschiedenen Lagen angeordnet werden. Außerdem ist bei Verwendung von Runddrähten die Oberfläche des Kabels mit kreisförmigem Querschnitt am geringsten.

Die Größe der Nebenspannungen, welche in den Randfasern bei Abweichungen der Kabelachse von der normalen Seillinie entstehen, hängt in erster Linie von der Dicke des Kabels ab, gemessen in Richtung des Krümmungsradius. In dieser Beziehung wäre es also unbedenklich, von der herkömmlichen Form des Querschnittumrisses abzuweichen. S. 3 wurde bereits erwähnt, daß der französische Ingenieur Vicat schon 1834 den rechteckigen Kabelquerschnitt vorschlug (Abb. 65). Auch Lindenthal wählte diesen für seine Drahtkettenglieder, indem er die Drähte genau geordnet über geriffelten Auflagerstreifen um die Schuhe führt. Ausschlaggebend für Abweichungen von der gebräuchlichen Herstellungsweise könnte die Erfüllung folgender Forderungen für die Herstellung und die Eigenschaften des Paralleldrahtkabels werden:

1. Das einzelne, von Verankerung zu Verankerung bewegte Kabelelement soll in senkrechtem Sinne möglichst biegsam, in wagerechtem Sinne möglichst steif sein, damit es einerseits möglichst kleine Biegungsspannungen erleidet, andrerseits möglichst geringen Schwankungen unterworfen ist, die durch Wind oder andere Einflüsse hervorgerufen werden und die genaue Regelung erschweren.
2. Der Querschnitt des Einzelelementes soll möglichst groß sein, damit die Gesamtzahl der Überführungen und somit der Kostenbetrag für die Kabelherstellung möglichst gering wird.
3. Die gesamte vor Rost zu schützende Oberfläche der Einzelteile eines Kabels und die Hohlräume im Kabelinnern sollen möglichst klein sein.
4. Die Verankerung soll dieselbe Sicherheit bieten wie beim amerikanischen Kabel.

Verwendbar für den einzeln über die Türme gezogenen Kabelteil würden sein: der Draht, das Seil, und der bandförmige Körper.

Der Draht ist die gebräuchliche Anwendungsform, kann aber vor allem den Forderungen 1. und 2. nur in beschränktem Maße gerecht werden, da er — für sich allein ausgehängt — sehr beweglich ist und nur einen außerordentlich kleinen Bruchteil des Gesamtkabelquerschnitttes bildet. Die Verwendung des Spiralseiles als Kabelelement ist an anderer Stelle besprochen worden.

Der bandförmige Körper könnte dazu dienen, ein Kabel von rechteckigem Querschnitt zu bilden, indem eine Anzahl von Bändern, von denen jedes die Breite des Kabels besitzt, übereinandergelegt wird. Wäre es praktisch möglich, ein solches Band mit hoher Zerreißfestigkeit und in so großer Länge herzustellen, daß es von Verankerung zu Verankerung reicht, und könnte man es ohne erhebliche Querschnittsverminderung sicher verankern, so wäre es bez. der Forderungen 1.—3. dem Draht außerordentlich überlegen. Denn bei gleicher Dicke ist es ebenso biegsam wie der Draht, besitzt hingegen viel größere seitliche Steifigkeit. Dabei ist sein Querschnitt viel größer und die Oberfläche wiederum bedeutend geringer.

Der bandförmige Hängegurt an sich, allerdings nicht in Kabelform, ist eine aus dem Kettenbrückenbau bekannte Erscheinung.

Die Seinebrücke bei Surêsnes,[52g]) 1840 erbaut, 1870 zerstört, zeigte Hängegurte aus je 20 übereinandergelegten Flacheisenstreifen von 14—15 m Länge, 8 cm Breite und 4 mm Stärke.

Als Beispiel aus neuester Zeit gehört hierher die Kaiserbrücke in Breslau.[62a]) Jedes Band ihres 4teiligen genieteten Bandgurtes besteht in der Tragkette aus 6 Flacheisen 580·70 mm.

Beim letzten Kölner Wettbewerb zeigte der Entwurf „Gitterkette“ einen genieteten Flachbandgurt.[60e]) Er wurde durch 4 Nickelstahlbänder gebildet, von denen jedes aus 4 25 mm starken und 920—980 mm breiten Blechen besteht.

Ein Stahlband mit den geforderten Eigenschaften wäre dadurch herzustellen, daß man sich profilierter Drähte bedient, die ja dem Spiralseil als „verschlossene Konstruktion“ seine Bedeutung Brückenbau gegeben haben. Jedes der übereinander liegenden Bänder könnte aus parallelen Drähten bestehen und hätte dann im rechteckigen Querschnitt, dessen Höhe gleich der Drahtdicke und dessen Breite gleich der Kabelbreite ist. Die Drähte können im Querschnitt quadratisch, rechteckig oder so ausgebildet sein, daß nur zwei gegenüberliegende Seiten des Querschnittes entsprechend dem rechteckigen Bandquerschnitt gradlinig, die aneinanderstoßenden Seiten aber profiliert sind. Als Bindemittel, um die Drähte eines Bandes zusammenzuhalten, müßten provisorische, in Abständen übergelegte Bänder dienen, oder ein gemeinsamer, zugleich als Rostschutz dienender, dünner Metallüberzug, der auf galvanischem Wege, oder durch Aufbringen des flüssigen Metalls oder auf eine andere geeignete Art herzustellen wäre. An Stelle des Metallüberzugs ist möglicherweise irgendeine andere rostschützende Masse zu verwenden. Hätte man beispielsweise die Kabel der Manhattanbrücke in solcher Weise aus Drahtbändern bilden wollen, so wären Herstellung und Querschnittsausbildung etwa in folgender Weise zu denken gewesen:

Der Gesamtquerschnitt des Kabels von 1860 cm² $\left(9472 \cdot \frac{0{,}5^2 \pi}{4}\right)$ wird gebildet aus 46 übereinanderliegenden Lagen von 4 mm Drahtstärke und 1012 mm Breite. Die Dicke des Kabels wird dann etwas größer als 184 mm. Die Herstellung der Bänder erfolgt in der Werkstatt, indem die Einzeldrähte nebeneinander auf eine Trommel gewunden werden, deren Breite zwischen den überstehenden, seitlichen Randscheiben gleich der Bandbreite ist. Es wären demnach für jedes Kabel an Stelle von 9472 Einzeldrähten nur 46 Bänder auszuspannen. Bezeichnet L die Länge, δ die Dicke, R_1 den Halbmesser der inneren, R_2 denjenigen der äußeren Windung des aufgewickelten Bandes, so ist angenähert

$$L = \frac{\pi}{\delta}\left(R_2^2 - R_1^2\right)$$

oder

$$R_2 = \sqrt{R_1^2 + \frac{\delta}{\pi} L}.$$

Für die Werte

$\delta = 0{,}0045$ m (Stärke des Bandes einschließlich Bindemittel),
$L = 980$ „ (Länge der Drähte bei der Manhattan-Brücke),
$R_1 = 0{,}9$ „ (wobei die größte Biegungsspannung des Drahtes beim Aufwickeln $\sigma_b = \frac{E \cdot \delta}{2 R_1} = \frac{21\,000 \cdot 4}{2 \cdot 900} = 47$ kg mm²)

erhält man

$$R_2 = \sqrt{0{,}9^2 + \frac{0{,}0045}{3{,}14} \cdot 980} = 1{,}41 \text{ m}.$$

Die Trommel besitzt also bei aufgewickeltem Bande einen äußeren Durchmesser von — reichlich gerechnet — 3 m und ist daher ohne weiteres für den Eisenbahntransport geeignet.

Die Verankerung kann auf verschiedenartige Weise mit denselben Mitteln erfolgen wie beim amerikanischen Verfahren, nämlich indem man die Drähte an den Enden durch Verschrauben oder Anlöten befestigt und außerdem die Reibung zu Hilfe nimmt.

Zwischen den Spannkräften S_1 und S_2 (Abb 66.) eines um einen Zylinder, senkrecht zu dessen Mantellinien geschlungenen Fadens besteht unter bestimmten Annahmen die Beziehung[51 h])

$$S_1 = S_2 \cdot e^{\mu \omega} \qquad (1)$$

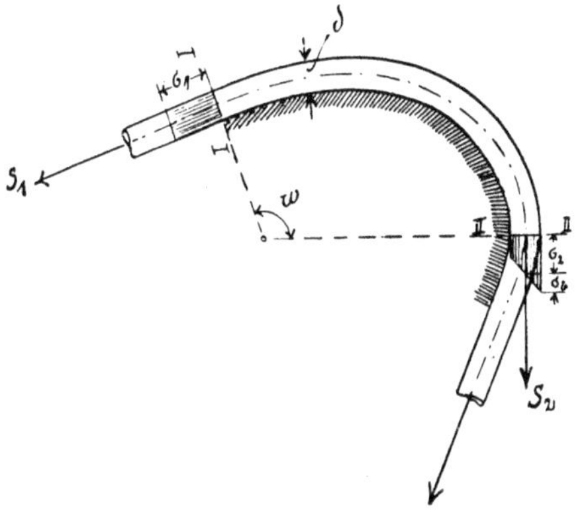

Abb. 66.

Hierin ist

μ der Reibungskoeffizient des Fadens auf seiner Unterlage,

ω der Winkel, den die Querschnitte (I, I und II, II) miteinander bilden, in welchen die Spannkräfte S_1 und S_2 angreifen.

Bezeichnen ferner σ_1 und σ_2 die Spannungen, verursacht durch die Achsenkräfte S_1 und S_2, so kann man obige Gleichung, da es sich hier um einen Draht mit überall gleichem Querschnitt handeln soll, auch schreiben

$$\sigma_1 = \sigma_2 \cdot e^{\mu \omega}. \qquad (2)$$

Der Querschnitt II, II liegt in der Krümmung, die Spannung in der äußeren Randfaser ist hier

$$\sigma_2 + \sigma_b = \sigma_2 + \frac{E\,\delta}{2\,R},$$

worin δ die Dicke, E das Dehnungsmaß des Drahtes, R den Krümmungsradius bei II, II bedeutet. Mit Hilfe der Reibung kann man es nun erreichen, daß die größte Drahtspannung in der Krümmung nicht größer wird als die Spannung in der Geraden. In diesem Falle dürfte höchstens

$$\sigma_2 + \sigma_b = \sigma_1$$

sein. Dies in Gleichung (2) eingesetzt, ergibt

$$\sigma_J = \left(\sigma_1 - \frac{E\,\delta}{2\,R}\right) e^{\mu\,\omega}$$

oder

$$R = \frac{E\,\delta\,e^{\mu\,\omega}}{2\,\sigma_1\left(e^{\mu\,\omega} - 1\right)}.$$

Diese Beziehung müßte durch die Kurve, nach der der Draht gekrümmt ist, erfüllt sein. Für

$$\omega = 0$$

wird

$$R = \infty\,,$$

d. h. die Kurve verläuft im Querschnitt I, I geradlinig. Nimmt man an, daß in der Nähe der Bruchgrenze auch in der Krümmung sich die Spannung (Bruchspannung k) fast gleichmäßig über den Querschnitt verteilt und daß der quadratische Draht, nachdem er um den Winkel ω gekrümmt wurde, am Ende abgerundet und durch Verschraubung befestigt wird, so wird gleichzeitig

$$S_1 = \delta^2 k$$

$$S_2 = \frac{95}{100} \cdot \frac{\delta^2 \pi}{4} k,^{*)}$$

wenn man verlangt, daß die Bruchgrenze in allen Querschnitten gleichzeitig erreicht wird. Nach Gleichung (1) ist

$$\omega = \frac{1}{\mu} \ln \frac{S_1}{S_2} = \frac{1}{0{,}3} \ln \frac{400}{95 \cdot \pi} = 56^{0}.$$

Es genügt also schon eine Umschlingung von 56°, um den Draht für seine volle Bruchtragkraft zu verankern.

---

*) Nach früherem beträgt die Festigkeit der Spleißung mittels Schraubenmuffen 95 % von derjenigen des runden Drahtquerschnittes.

Man könnte daher das Kabel etwa so verankern, wie es schematisch Abb. 67 zeigt, indem man es von einer Einschnürung bei B ab teilt, so daß sich von jeder Seite her die halbe Gesamtanzahl der Bänder über den Verankerungsschuh A legt. Beim Querschnitt i—i würden dann entsprechende Drähte derselben Lage durch Schraubenmuttern verspleißt. Um für

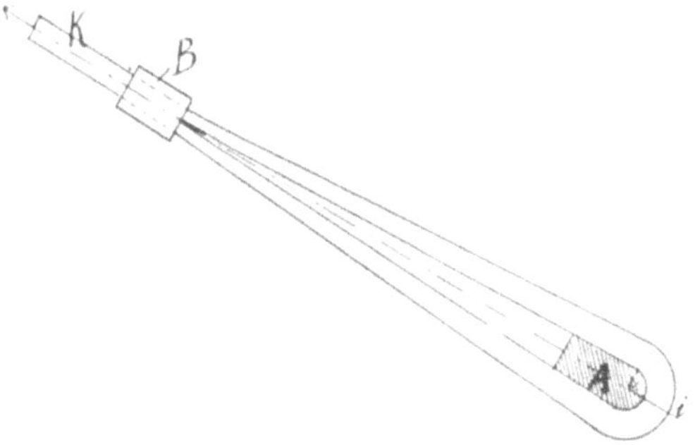

Abb. 67.

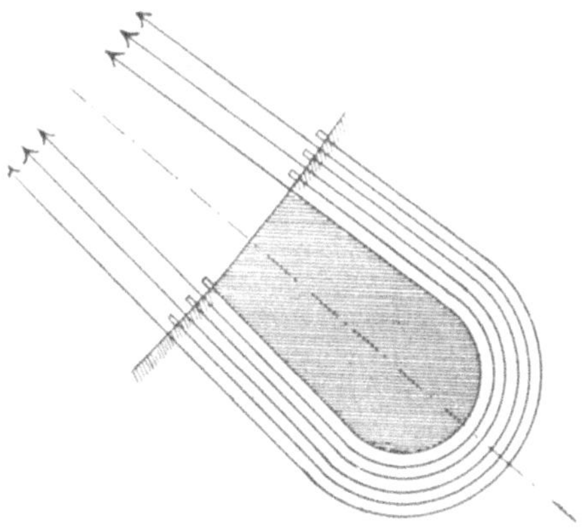

Abb. 68.

letztere Platz zu schaffen, müßte man von B ab die Drähte ein wenig seitlich auseinanderlaufen lassen und außerdem beiderseits der Verbindung bei i—i über jede Lage gekrümmte Zwischenplatten legen. Wie Abb. 68 schematisch andeutet, könnte man auch jedes Band vollständig um den Schuh herumführen und für sich befestigen. Zu bemerken ist auch, daß jede Lage (abgesehen von der äußersten) außerdem durch den Druck der darüberliegenden auf dem Schuh festgehalten wird.

Eine weitere Möglichkeit, das Kabel zu verankern, bestände darin, stählerne Wölbstücke W, wie es Abb. 69 für eine Anzahl schematisch andeutet, bogenförmig anzuordnen und zwischen ihnen die einzelnen Bänder hindurchzuführen. Die Bogenlinie kann dann so gekrümmt werden, daß die Bänder infolge der durch den Druck der Wölbstücke hervorgerufenen Reibung sicher festgehalten werden. Zur größeren Sicherheit könnten noch Verschlußkörper V angebracht sein. Das Kabel ließe sich bis zur Wurzel des Verankerungsschachtes hinabführen, wodurch eine Verankerungskette entbehrlich wird. Außer den zugunsten

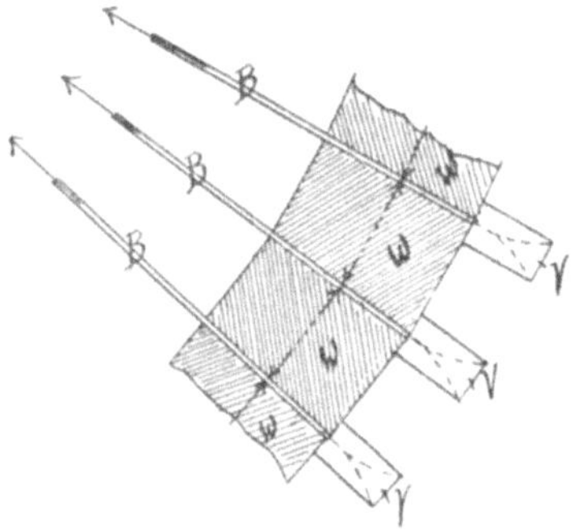

Abb. 69.

eines solchen Bandgurtes angeführten Umständen kann man noch hervorheben, daß in allen Querschnitten die Drähte genau die gleiche Lage haben und daß ihre Ordnung auch bei starkem Zusammenpressen der Bänder erhalten bleibt, weil Hohlräume im Kabelinnern fast gar nicht vorhanden sind und die Drähte mit breiten Flächen aneinanderliegen.

Es sei noch bemerkt, daß die eben besprochene Kabelausbildung natürlich nicht als Vorschlag für eine Verbesserung des nach dem amerikanischen Luftspinnverfahren hergestellten Paralleldrahtkabels zu gelten hat. Es sollte vielmehr nur gezeigt werden, daß auch auf diesem Gebiete Entwicklungsmöglichkeiten vorhanden sind.

14. Schlußwort.

Wie aus den voranstehenden Ausführungen hervorgeht, stehen sich Spiralseil und Paralleldrahtkabel in scharfem Wettbewerb gegenüber. Das Anwendungsgebiet des Spiralseiles in Frankreich liegt bei Spannweiten unter 300 m, das Paralleldrahtkabel hingegen hat seine Brauchbarkeit hauptsächlich an amerikanischen Hängebrücken über 400 m Weite erwiesen. Jede der beiden Kabelarten sucht aber in das Anwendungsgebiet der anderen einzudringen, wie bekannte Entwürfe zeigen: Der Entwurf der Maschinenfabrik Augsburg-Nürnberg für Sydney und Morisons Northriverprojekt wenden das Spiralseil für Spannweiten von 548 bezw. 970 m an, das Paralleldrahtkabel hingegen ist z. B. in den Entwürfen Küblers für Budapest und Bonn, ferner in denjenigen des letzten Kölner Wettbewerbs mit Spannweiten unter 300 m vertreten. Welche Ausbildungsweise schließlich im Wettstreit siegreich bleiben wird, ist vorläufig nicht zu sagen. Es hat allerdings den Anschein, als ob dem Paralleldrahtkabel die Zukunft gehören sollte. Maßgebende Fachkreise haben sich mehrfach zugunsten des letzteren entschieden und es ist wahrscheinlich, daß die außerordentlichen Vorzüge, welche in der parallelen Anordnung der Drähte liegen (s. S. 110), den Hauptvorteil des Spiralseiles, nämlich die Transportmöglichkeit, überwiegen werden. Die vorzüglichen Eigenschaften des Stahldrahtes, dessen Festigkeit fast viermal so groß ist als die durchschnittliche Festigkeit des üblichen Flußeisens und mehr als doppelt so groß als die Festigkeit von Siemens-Martin-Stahl, Nickelstahl oder Elektrostahl, und die Möglichkeit, ihn in fast beliebig großer Länge herzustellen, werden auch in Zukunft den Brückenbau zu unablässiger Arbeit an der Vervollkommnung des Drahtkabels anspornen, und man darf hoffen, daß es gelingt, auch für Spannweiten unter 300 m der Kabelbrücke allgemeine Verbreitung und häufige Anwendung zu sichern.

Robert Noske, Borna-Leipzig, Großbetrieb für Dissertationsdruck.

GPSR Compliance

The European Union's (EU) General Product Safety Regulation (GPSR) is a set of rules that requires consumer products to be safe and our obligations to ensure this.

If you have any concerns about our products, you can contact us on ProductSafety@springernature.com

In case Publisher is established outside the EU, the EU authorized representative is:

Springer Nature Customer Service Center GmbH
Europaplatz 3
69115 Heidelberg, Germany

Batch number: 10682323

Printed by Printforce, the Netherlands